图灵教育

站在巨人的肩上

Standing on the Shoulders of Giants

TURING

图灵教育

站在巨人的肩上

Standing on the Shoulders of Giants

TURING 图灵程序设计丛书

Creating Interfaces with Bulma

Bulma必知必会

[美] 杰里米·托马斯 [波兰] 奥列克西·波切辛 [瑞典] 米科·劳哈卡里 [德] 阿斯拉姆·沙 [美] 戴夫·伯宁 ◎著

华华 张俊达 ◎译

人民邮电出版社
北 京

图书在版编目（CIP）数据

Bulma必知必会 / （美）杰里米·托马斯（Jeremy Thomas）等著 ; 华华，张俊达译. -- 北京 : 人民邮电出版社，2020.7
（图灵程序设计丛书）
ISBN 978-7-115-54084-3

Ⅰ. ①B… Ⅱ. ①杰… ②华… ③张… Ⅲ. ①网页制作工具－程序设计 Ⅳ. ①TP393.092.2

中国版本图书馆CIP数据核字(2020)第086668号

内容提要

Bulma是一个流行的开源CSS框架，轻量而易用。借助它，即使不会编写CSS，也能轻松创建出美观的网页。本书通过生动实例细致讲解如何使用Bulma框架从头创建Web应用。主要内容包括：Bulma的基本概念与特性，如何使用Bulma创建页面布局，Bulma组件如何工作，如何设计具体的UI元素，如何将Bulma嵌入JavaScript，如何将Bulma与流行的前端框架React、Angular和Vue.js集成，等等。

本书适合前端开发人员阅读。

◆ 著　[美] 杰里米·托马斯 [波兰] 奥列克西·波切辛
[瑞典] 米科·劳哈卡里 [德] 阿斯拉姆·沙
[美] 戴夫·伯宁
译　华 华 张俊达
责任编辑　岳新欣
责任印制　周昇亮

◆ 人民邮电出版社出版发行　北京市丰台区成寿寺路11号
邮编　100164　电子邮件　315@ptpress.com.cn
网址　https://www.ptpress.com.cn
北京市艺辉印刷有限公司印刷

◆ 开本：880×1230　1/32
印张：6.5
字数：168千字　2020年7月第1版
印数：1－2 500册　2020年7月北京第1次印刷

著作权合同登记号　图字：01-2018-2897号

定价：49.00元

读者服务热线：(010)51095183转600　印装质量热线：(010)81055316
反盗版热线：(010)81055315
广告经营许可证：京东市监广登字 20170147 号

版权声明

序

在 2007 年的一堂无障碍设计课上，我偶然接触到了 CSS。当时老师强调了编写页面时将内容和样式分离的必要性，并教授了如何通过 CSS 来实现。这次相遇对我来说意义重大，让我意识到只需编写简单的 CSS 代码，就可以实现想要的界面效果，不再需要使用 Dreamweaver 和复杂的表格布局方式。这次经历也影响了我的职业生涯，最终我成为了一名 Web 开发者。

随后的十年里，我学习了 PHP、JavaScript、Ruby、Node 等各种 Web 开发技能，但 CSS 一直是我掌握得最深的一门技术，也是我的立身之本。在这段时间里，CSS 的许多新特性也得到了众多浏览器的支持和良好的发展。我可以使用阴影、圆角、自定义字体和渐变色等功能来实现视觉效果，而不用再通过 PNG 图片进行模拟。尤其值得一提的是，2015 年底，CSS 推出了一种新的布局模型 Flexbox，并且该功能迅速流行开来。

Flexbox 革新了传统 Web 开发中使用的布局方式，列的布局不再依赖 CSS 浮动、清除浮动技巧和复杂的标记结构来实现，而是通过定义容器实现列布局自适应，得到自己的栅格系统。这可以极大地简化 HTML

标记。当然，Flexbox 还可以实现一些新的、强大的、令人耳目一新的东西，极具潜力。

在发现 Flexbox 的时候，我使用一个小型的 Sass 框架已有数月，这是我自己开发和维护的 CSS 框架。我利用它开发了许多个人的和专业的 CSS 项目。CSS 框架的主要目标是简化页面的布局，而 Flexbox 正提供了这样的功能。Flexbox 可以通过清晰、灵活的标记结构解决页面布局问题，这使得它成为了一种近乎完美的布局解决方案。Bulma 最初是我开发的一个 CSS 生成器，以胶囊式代码作为模块组件，但最后我决定抛弃这个想法，转而将我的 Sass 框架和最近掌握的 Flexbox 知识结合起来，编写出一个新的现代 CSS 框架，Bulma 由此诞生。

作为开源社区的拥护者，我将自己的 CSS 框架代码上传到了 GitHub 上，并在各种技术论坛和社交网站上进行分享。我认为如果这个小框架解决了自己的问题，那么也能帮助别人解决问题。虽然刚发布的时候未掀起波澜，没有获得太多关注，但不久便风靡开来，成为了 GitHub 上的热门项目，并登上了 Hacker News 和 Product Hunt 的首页，还在 Twitter 上被分享了数百次。这让我意识到该项目不仅有趣，还很实用。但我依然谨慎：也许 Bulma 的流行只是昙花一现，而事实是它得到了越来越多的关注。

经过两年的发展，Bulma 在 GitHub 上已经得到了 24 000 多颗星，下载和安装次数超过 100 万。150 位开发者参与贡献并解决了 860 个问题，合并了 300 多个代码请求。这段历程也展现了开源社区如何将一个小型 CSS 项目转变成 Web 开发的重要资源。考虑到 Bulma 催生出了众多华丽的网站，推动了众多企业的蓬勃发展，我相信 Bulma 一定会持续成长并得到广泛应用。

在此过程中我收获良多，包括新的 CSS 功能特性知识和更优雅的编程技巧。很多用户表达了对 Bulma 的热爱，称赞它简单易用，但对我来说，最大的收获是能帮助成千上万的开发者更惬意地遨游 Web 世界。

前　言

目标读者

本书适合任何想了解并使用 Bulma 及其组件和布局系统来编写 Web 界面的设计师和开发者阅读。

即使不熟悉 Bulma 也不必担心，这个框架简单易学，几分钟就能上手。

阅读前提

阅读本书不需要了解 Bulma，只需要大致了解 HTML 和 CSS 的工作机制，因为 Bulma 的目标就是让你尽可能少地编写 CSS 来实现需要的功能。

还需要一个代码编辑器，Sublime Text、Atom、Notepad++、Intellij、Vim、Emacs 等都可以。唯一的要求是具备语法高亮和按指定后缀（比如.html、.css）保存文件的功能。

还需要一个现代浏览器，比如 Google Chrome、Mozilla Firefox、Microsoft Edge 或者 Safari 浏览器。

在线出版管理系统代码示例

本书使用的在线出版管理系统示例的所有代码的下载地址如下[①]：https://github.com/troymott/bulma-book-code。

本书内容

本书会一步一步地指导你基于 Bulma 从零开始创建一个 Web 应用。

书中会以一个可登录的管理图书、用户和订单的在线出版管理系统作为示例，指导你如何使用 Bulma。之所以选择这个系统作为教程示例，是因为该系统基本包含了所有网站或 CMS 都具备的 CRUD（create，read，update，delete，即创建、读取、更新、删除）功能。

学完本书，你将掌握：

- 如何使用 Bulma 设计布局；
- 如何使用 Bulma 提供的组件；
- 如何创建自定义 UI 元素；
- 如何创建自定义组件。

本书还将展示如何通过如下前端框架将 Bulma 与 JavaScript 集成：React、Angular、Vue.js。

---

① 你可以直接访问本书中文版页面，下载本书项目的源代码：https://www.ituring.com.cn/book/2611，也可在此查看或提交勘误。——编者注

作者简介

杰里米·托马斯从事网页设计逾10年。他曾在法国学习平面设计，在一堂无障碍设计课上接触到了CSS，对其一见钟情并决定以此为职业。他曾任职于索尼、微软、路易威登以及科技初创企业，也做过自由职业者和培训讲师。

2016年初，他开发了一个小型框架作为开发项目的脚手架，并将该框架的代码开源，Bulma 由此诞生。之后他一直活跃于开源社区，发布了 MarkSheet、CSS 指南、HTML 指南和 Web 设计的 4 分钟系列教程。他的目标是不断分享他从日常工作中获得的知识。

合著者和贡献者

奥列克西·波切辛是一位专业的Web开发人员，有9年多的跨平台交互界面设计和开发经验。他曾与沃尔沃、斯堪尼亚、大众、雷诺、约翰·刘易斯合伙公司、汤森路透等公司合作过。2017年，他迷上了Bulma，因为它功能完备，能为任何类型的项目构建现代UI。

米科·劳哈卡里热衷于创建Web，是个Web迷。自第一轮互联网泡沫破灭后，他一直对Web充满热情。他曾在瑞典卡尔马尔大学学习网络编程，拥有丰富的编程语言知识。

阿斯拉姆·沙是Risk.Ident公司的高级JavaScript开发人员，在为中小型企业开发前端接口方面拥有 5 年以上经验。他认为技术永远不会停步，因此我们必须不断学习，与时俱进，弃旧纳新。

戴夫·伯宁拥有6年多的Web开发经验。他毕业于辛辛那提大学，其间学习用 HTML、CSS 和 JavaScript 开发网站，擅长使用 Vue 和 React 创建富渐进式 Web 应用程序。他还是 alligator.io 的一名作者，是辛辛那提 CodePen 的组织者，组织过多场前端新技术研讨会。

电子书

扫描如下二维码，即可购买本书中文版电子版。

目　　录

第 1 章

理解 Bulma 及其术语和概念

或许你之前听说过 Bulma；如果没有，也没关系。如前所述，Bulma 是一个轻量级、可配置的 CSS 框架，完全基于 Flexbox。Flexbox 是一个相对较新的 CSS 规范，在本书编写时，它得到了浏览器的良好支持。

Bulma 底层使用 Flexbox 来运行，并帮助你解决了使用 Flexbox 时需要考虑的难点。使用 Bulma 无须了解 Flexbox，但应掌握基本的 CSS 知识。

本章将从较高的层次介绍 Bulma，带你熟悉 Bulma 及其术语和概念。

1.1 Bulma 有何独特之处

与其他 CSS 框架相比，Bulma 有如下不同之处。

- 现代化：整个 Bulma 是基于 CSS Flexbox 设计的。
- 响应式：Bulma 的设计同时支持移动端和桌面设备。
- 易学：大多数用户只需几分钟便能入门。

- 语法简单：Bulma 使用更少的 HTML，所以代码易于阅读和编写。
- 可定制：Bulma 提供了 300 多个 SASS 变量，基于这些样式变量，你可以定制自己的主题框架。
- 无 JavaScript：Bulma 完全基于 CSS 设计编写，因此可以很优雅地与任何 JavaScript 框架（Angular、Vue.js、React、Ember 或者纯 JavaScript 应用）集成。

1.2 简易的栅格系统

Bulma 最著名的当属其简单明了的栅格架构：

```
<div class="columns">
  <div class="column">
    <!-- 第 1 列 -->
  </div>
  <div class="column">
    <!-- 第 2 列 -->
  </div>
</div>
```

就是这样，只需两个 CSS 类（columns 作为容器类，column 作为其子类），即可实现响应式栅格系统，无须指定其他任何维度，两列会自动分占宽度的 50%。

如果想要第 3 列，只需再添加一个 column 即可：

```
<div class="columns">
  <div class="column">
    <!-- 第 1 列 -->
  </div>
  <div class="column">
    <!-- 第 2 列 -->
  </div>
  <div class="column">
    <!-- 第 3 列 -->
  </div>
</div>
```

每一列会自动占据 33% 的宽度，无须编写额外的代码。如果想要更多列，按上述操作添加 column 即可实现，Bulma 会帮你自动适配大小。

1.3 可读性

Bulma 简单易学，因为它的代码简洁易读。下面是一个 Bulma 按钮的代码，仅需添加一个 button 类即可实现。

```
<a class="button">
  Save changes
</a>
```

为了扩展该按钮的功能，Bulma 提供了修饰符类，用于给基础的按钮提供其他样式。要对该按钮应用主色调青绿色，并增大尺寸，只需添加 is-primary 类和 is-large 类：

```
<a class="button is-primary is-large">
  Save changes
</a>
```

提示：最好使用“primary”“secondary”这样的主次命名约定。这将有助于给样式赋予一些意义，并为以后的定制留有余地。

1.4 可定制

Bulma 有 300 多个变量，几乎可以覆盖 Bulma 中的所有属性，因此可以高度定义个性化设置。

使用 SASS，可以设置初始变量，比如覆盖 blue 的颜色值、设置默认字体甚至各种响应式断点。

```
// 1.导入默认变量
@import "../sass/utilities/initial-variables"
@import "../sass/utilities/functions"

// 2.设置初始变量
// 更新blue的颜色值
$blue: #72d0eb

// 设置pink和pink-invert颜色值

$pink: #ffb3b3
$pink-invert: #fff

// 添加serif字体
$family-serif: "Merriweather", "Georgia", serif

// 3.设置衍生的变量值
// 将新设置的pink色作为默认主色调
$primary: $pink
$primary-invert: $pink-invert

// 将默认的orange色作为危险色号
$danger: $orange

// 使用新设置的serif字体
$family-primary: $family-serif

// 4.导入其余Bulma代码
@import "../bulma"
```

每一个Bulma组件都有自己的变量集合：

- box组件具有阴影；
- columns有默认空白；
- menu有默认的背景色和前景色；
- button和input的每一种状态（悬浮、活跃、选中）都有对应颜色；
- ……

每个文档页面都有可覆盖的变量列表。

1.5 模块化

由于 Bulma 被划分成了多个模块文件,所以按需导入相应代码即可。

例如，有的开发人员只想使用 Bulma 的栅格系统，那么创建一个如下所示的 SASS 文件即可。

```
@import "bulma/sass/utilities/_all"
@import "bulma/sass/grid/columns"
```

上述 SASS 文件只引入了 Bulma 的 `columns` 和 `column` CSS 类。

1.6 列

Flexbox 是一维的栅格系统，这意味着在 Bulma 中有行或者列的概念。使用 Bulma 开发网站要考虑列，并将列封装在行或容器中。Bulma 的基本功能如下。

从 `columns` 行开始。

```
<div class="columns">

</div>
```

在 `columns` 行中，可以添加一列或者多列，Bulma 会基于添加的列计算每列所占空间。

```
<div class="columns">
  <div class="column">

  </div>
</div>
```

在这个例子中，添加的 `column` 占据了整个浏览器的宽度，因为在 `columns` 中仅此一列。

```
<div class="columns">
  <div class="column">

  </div>

  <div class="column">

  </div>
</div>
```

如前所述，每一列的宽度并不固定，但还是要再次强调：添加的列越多，每一列就会越窄，比如有 3 列，每一列的宽度就是 33%；如果是 4 列，每一列的宽度就是 25%。

1.7　修饰符

修饰符是额外的 CSS 类，可以把它们添加到 HTML 中，以此改变 HTML 元素的显示效果。以按钮（`<button>`）为例，通过给它添加修饰符来更改显示效果，如下所示。

```
<button class="button">I'm a button</button>
```

该按钮只是一个简单的通用按钮，下面把它变成 Bulma 内置的青绿色按钮样式。为了把它的颜色改为主色调，可以给它添加 `is-primary` 修饰符。

```
<button class="button is-primary">I'm a button</button>
```

现在按钮变成青绿色了！再给它添加一个“幽灵”按钮的修饰符，让它呈现镂空效果。

```
<button class="button is-primary is-outlined">I'm a button</button>
```

也可以添加一个 `is-loading` 修饰符来给按钮增加一个加载中的动画效果，表示某种进行中的状态，比如表单提交流程。

说明：Bulma 中的修饰符命名都以 is-或者 has-开头。

同样值得注意的是，在添加自定义类之前，尽量利用 Bulma 现有的类是最佳实践。如果覆盖了某些元素的样式，请继续使用现有的类。

1.8 组件

Bulma 提供了许多可用的组件。组件是用于实现特定功能模块的代码片段。如果基于这些组件来实现功能，必须按照组件的对外接口格式编写代码。

有关组件的更多信息和示例，请参见 Bulma 的组件文档。

如下是一个卡片组件的示例：

```
<div class="card">
  <header class="card-header">
    <!-- 页眉内容 -->
  </header>

  <div class="card-content">
    <div class="card-image">
      <!-- 卡片图片 -->
    </div>
  </div>

  <footer class="card-footer">
    <!-- 页脚内容 -->
  </footer>
</div>
```

Bulma 还提供了其他组件，比如菜单、下拉菜单、消息提示、模态框等。

1.9 辅助类

辅助类（也称工具类）是用于辅助布局的修饰符。它们与传统修饰符的区别是，修饰符是用于改变组件或者元素的视觉效果的，而辅助类是用于处理元素定位的。

下面是一些常用的辅助类。

- `is-marginless`：移除当前元素的所有外边距。
- `is-unselectable`：使当前文本处于不可选择状态。
- `is-pulled-left`：使得当前的元素靠左布局。

除上述辅助类外，还有用于响应式和排版的辅助类，可帮助用户更好地实现响应式和文字排版。

1.10 小结

除本书外，还可以通过如下资源了解 Bulma。

- Bulma 官方文档
- Bulma 博客
- Bulma expo

第 2 章将介绍如何基于 Bulma 创建和控制表单。

第 2 章

Bulma 表单开发

本章介绍如何使用 Bulma 创建用户界面。我们将创建一个全屏的登录表单页面，以此讲解 Bulma 以及使用 Bulma 所需要的工具。本章介绍如何使用 Bulma 开发表单，以及使用 Bulma 的原因和场景。

本章要创建的是包含邮箱输入框和密码输入框的登录表单，垂直和水平居中展示。

随书代码包含完整示例。

2.1 模板要求

正如下面的 HTML 标签一样，为了让登录页面正常工作，编写页面时必须遵循 HTML5 标准。

```
<!DOCTYPE html>
<meta name="viewport" content="width=device-width, initial-scale=1">
<link rel="stylesheet" href="https://maxcdn.bootstrapcdn.com/font-awesome/
4.7.0/css/font-awesome.min.css">
<link rel="stylesheet" href="https://cdnjs.cloudflare.com/ajax/libs/bulma/
0.6.1/css/bulma.min.css">
```

一个完整的 HTML5 页面模板如下：

```
<!DOCTYPE html>
<html>
  <head>
    <meta charset="utf-8">
    <meta name="viewport" content="width=device-width, initial-scale=1">
    <title>Login</title>
    <link rel="stylesheet" href="https://maxcdn.bootstrapcdn.com/font-
awesome/4.7.0/css/font-awesome.min.css">
    <link rel="stylesheet" href="https://cdnjs.cloudflare.com/ajax/libs/
bulma/0.6.1/css/bulma.min.css">
  </head>
  <body>
    <!-- 在此处编写页面内容代码 -->
  </body>
</html>
```

这样就得到了一个有效的页面，但它还没有内容，下面添加内容。

Bulma 提供了 hero 类来实现 Banner 效果，用于展示重要内容。在我们的例子中，登录表单将放置在这样的 Banner 中。hero 还可以和其他修饰符搭配使用，生成不同主题的效果。

在<body>标签中添加如下代码片段：

```
<section class="hero is-primary is-fullheight">
  <div class="hero-body">
    Login
  </div>
</section>
```

除 hero 类外，还利用了两个修饰符：is-primary 和 is-fullheight。is-primary 添加默认的主色调（青绿色），is-fullheight 将 hero 的高度设置为浏览器高度的 100%。

现在整个浏览器窗口是青绿色的，在左侧垂直居中的位置有一个白色的“Login”文本，见图 2-1。

图 2-1

提示：如果没有显示青绿色的页面，请确保已经引入了所有类型的资源，并处于联网状态。

2.2 居中布局

在实现登录框之前，首先设置布局：将登录框设置为水平和垂直居中。

- container：确保容器具有最大宽度，在更宽的视口中不会到达页面边缘。
- columns：列的父级容器。
- column：水平居中的列。
- box：具有白色背景和阴影，使得在这个青绿色的网页上便于阅读内容。

```
<section class="hero is-primary is-fullheight">
  <div class="hero-body">
    <div class="container">
```

```
        <div class="columns is-centered">
          <div class="column">
            <form class="box">
              Login
            </form>
          </div>
        </div>
      </div>
    </div>
</section>
```

尽管其中使用了 is-centered 修饰符，但是内容区域看起来并没有水平居中，这是因为 Bulma 的列会自动调整大小以铺满整个水平空间，这里只有一列，所以这一列会占据 100%的宽度。

提示：尝试添加第 2 列并观察它们是否各占据 50%的水平空间。

由于不希望登录框太宽，因此需要调整此列的大小。

调整列的大小

这里只需要一列，并且希望它是居中和响应式的。Bulma 提供了用于居中列的修饰符，并能为每个断点指定不同的列大小。

要实现这一点，请在表单容器中添加下面的修饰符，每一个都有特定作用。

- is-5-tablet：在平板设备（窗口宽度大于 769 像素）上，限制列占 5/12 的宽度。
- is-4-desktop：在桌面设备（窗口宽度大于 1024 像素）上，限制列占 4/12 的宽度。
- is-3-widescreen：在宽屏显示器（窗口宽度大于 1216 像素）上，限制列占 3/12 的宽度。

由于 Bulma 的设计优先考虑移动设备，因此无须向表单容器添加手机端修饰符。默认情况下，在移动设备上为全宽。

给 `column` 添加上面几种设备的修饰符，效果如图 2-2 所示。

```
<div class="column is-5-tablet is-4-desktop is-3-widescreen">
  <form class="box">
    Login
  </form>
</div>
```

图 2-2

做完上述改动后，调整浏览器窗口大小即可看到列会根据设置的断点大小自动调整宽度。

接下来实现表单内容部分。

2.3 实现表单内容

登录表单包括 4 部分：

- 邮箱输入框；
- 密码输入框；
- “Remember me”（是否记住）复选框；
- 提交按钮。

下面向其中一些控件添加占位符和必需（required）属性，并处理表单错误，以便向用户提示未能登录的原因。

2.3.1 logo

为了确保用户登录了正确的网站，首先添加一个 logo，用以替换文本“Login”，如图 2-3 所示。

```
<form class="box">
  <div class="field has-text-centered">
    <img src="images/logo-bis.png" width="167">
  </div>
</form>
```

图 2-3

请确保 images 目录和 login.html 相邻，如图 2-4 所示。

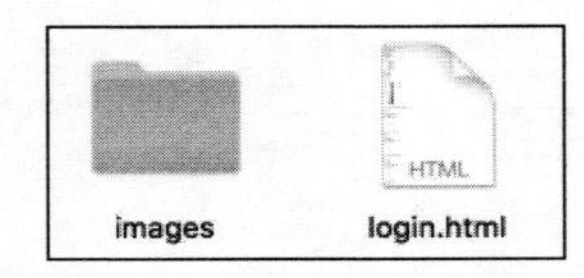

图 2-4

Bulma 提供了 field 类来均匀分隔表单区域，以及一组类似于 has-text-centered（给元素添加居中和行内效果）的辅助类来排布表单元素。

2.3.2　邮箱输入框

使用 Bulma 的如下两个类来实现输入框。

- label：专为标签设计的类，它会给标签元素添加加粗效果和设置底部间距。
- control：相当于表单输入容器，利用它可以给表单元素添加图标。

首先编写如下代码：

```
<div class="field">
  <label class="label">Email</label>
  <div class="control">
    <input class="input" type="email" placeholder="e.g. alexjohn-
son@gmail.com">
  </div>
</div>
```

预览效果如图 2-5 所示。

图　2-5

其中使用了 HTML5 的邮箱输入框，也可以使用 Font Awesome 的邮箱图标来修饰，以增强该输入框的语义。

在使用 Bulma 之前，首先需要给 control 元素添加 has-icons-left 修饰符，该修饰符会让 control 元素左边留出一定空间来放置图标。

```
<div class="control has-icons-left">
```

因为是邮箱输入框，所以选择一个信封的图标，同时添加修饰符使得图标居左并适配 control 元素左边留出的空间。

```
<span class="icon is-small is-left">
  <i class="fa fa-envelope"></i>
</span>
```

- ❑ icon：Bulma 定义的图标类。
- ❑ is-small：以小尺寸显示图标的修饰符。也可以使用 is-large 修饰符来以大尺寸显示。
- ❑ is-left：居左排列。

现在 control 元素包含了一个左边带图标的输入框，如图 2-6 所示。

```
<div class="control has-icons-left">
  <input class="input" type="email" placeholder="e.g. alex@smith.com" re-
quired>
  <span class="icon is-small is-left">
    <i class="fa fa-envelope"></i>
  </span>
</div>
```

图 2-6

说明：即使在页面加载后加载图标，布局也不会出现塌陷，Bulma 确保了图标所占空间是固定的，即使图标未加载完成。

2.3.3 密码输入框

密码输入框和邮箱输入框非常类似，因此可以复制邮箱部分的代码，稍做改动，效果如图 2-7 所示。

- label 部分改成“Password”。
- 输入框的类型改为 password。
- 输入框占位符设置为******。
- 图标改为 fa-lock 类型。

```
<div class="field">
  <label class="label">Password</label>
  <div class="control has-icons-left">
    <input class="input" type="password" placeholder="********" required>
    <span class="icon is-small is-left">
      <i class="fa fa-lock"></i>
    </span>
  </div>
</div>
```

图 2-7

邮箱输入框和密码输入框采用同样的类，因此显示效果相同。

2.3.4 复选框

添加“Remember me”复选框。<label>标签可以增大点击区域，使得“Remember me”文本同样可点击。

因为不需要使用图标，所以这里无须使用 control 辅助类，效果如图 2-8 所示。

```
<div class="field">
  <label class="checkbox">
    <input type="checkbox">
    Remember me
  </label>
</div>
```

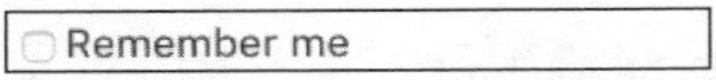

图 2-8

2.3.5 登录按钮

为了完成表单，还需要一个提交按钮。Bulma 提供了 `button` 类来实现按钮效果，可在如下元素中使用：

- 锚标签`<a>`；
- 按钮标签`<button>`；
- 输入标签`<input type="submit">`。

推荐使用`<button>`标签，因为它是灵活有效的表单元素，效果如图 2-9 所示。

```
<div class="field">
  <button class="button is-success">
    Login
  </button>
</div>
```

图 2-9

2.4 小结

至此，登录页面就完成了。因为在邮箱和密码输入框中使用了 `required` 属性，所以只有有效的内容才能提交成功，如图 2-10 所示。

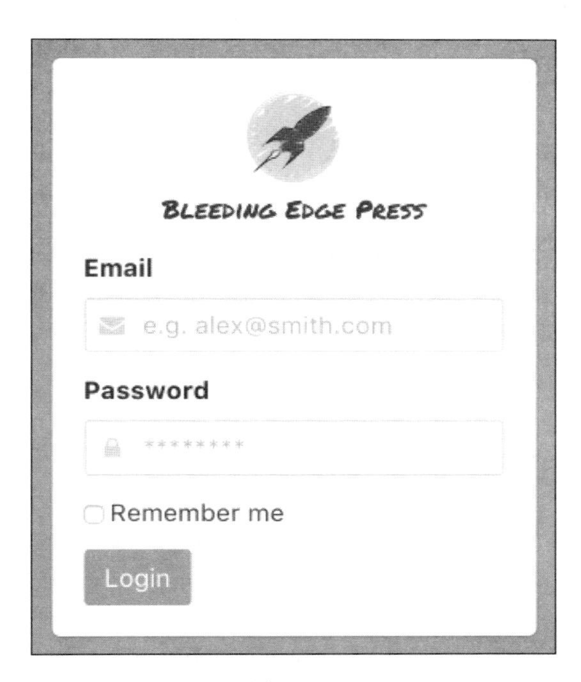

图 2-10

接下来考虑用户登录后跳转到的模块：管理页面。

第 3 章

站点导航和侧边栏菜单

第 2 章通过一个登录页面实例介绍了如何使用 Bulma 创建并控制 HTML 表单，本章开始编写管理页面。

本章将深入介绍如何使用 Bulma 的导航和菜单组件。创建网站时这些组件（尤其是导航）是必不可少的，所以不必每次都重复造轮子，诉诸 Bulma 即可。值得注意的是，可以通过更改 Bulma 变量来适配所需的设计风格。

本章的例子假设用户可以正确登录，登录成功后，站点的管理页面将展示给用户。管理页面的基本结构包括：

- Dashboard
- Books
    - Book
- Customers
    - Customer
- Orders

- Order

每一页都有自己的特定内容，也有一些功能是通过模版共享的，比如导航栏、侧边栏和主区域。

首先需要实现 Books 模版，复制之前的 login.html 文件，重命名为 books.html，并将`<body>`标签中的元素全部删除，只保留`<Doctype>`、`<html>`和`<head>`标签。

3.1 创建导航栏

Bulma 提供了灵活的响应式导航组件，可用于展示如下内容：

- 公司 logo，也是可跳转到首页的超链接；
- 导航的移动端图标；
- 品牌理念；
- 用户名；
- 下拉菜单，包含用户信息、报告问题的按钮和退出登录的按钮。

```
<nav class="navbar has-shadow">
  <div class="navbar-brand">
    <!-- logo、品牌理念和 navbar-burger -->
  </div>

  <div class="navbar-menu">
    <!-- 用户名、下拉菜单 -->
  </div>
</nav>
```

3.1.1 导航品牌标志

导航栏会展示公司 logo。借助 Bulma 提供的修饰符类，可以确保 logo 在所有终端设备上恰当展现，而不用编写额外的样式代码。

导航 logo 在导航栏的左侧。它总是可见的，可以包含导航子元素，也具有 navbar-burger 类，可用于控制导航菜单的显示或隐藏。

添加公司 logo 和品牌理念，如图 3-1 所示。

```
<div class="navbar-brand">
  <a class="navbar-item">
    <img src="images/logo.png">
  </a>
</div>
```

图 3-1

这里无须指定 logo 图片的大小，因为 Bulma 会控制 navbar-brand 下图片大小自适应。

现在导航栏还没有什么有用的功能，因为还未添加导航链接。下面创建 3 个<span>标签，每个标签将作为汉堡图标的一行。现在点击汉堡图标，还没有任何交互功能。可以使用 navbar-burger 组件类来实现汉堡图标。

接下来添加 navbar-burger 类，navbar-burger 图标仅在终端设备宽度小于 1024 像素的情况下显示，如图 3-2 所示。

```
<div class="navbar-brand">
  <a class="navbar-item">
    <img src="images/logo.png">
  </a>
  <div class="navbar-burger">
    <span></span>
    <span></span>
    <span></span>
  </div>
</div>
```

图 3-2

这样就完成了导航栏左侧的功能，接下来编写右侧的功能。

3.1.2 导航菜单

Bulma 的 navbar-menu 类包含剩余所有导航元素，当点击 navbar-burger 展开的时候，就会显示这部分内容。navbar-menu 内容是默认隐藏的，可以通过添加 is-active 来更改默认显示状态。

在桌面设备上，navbar-menu 的内容始终显示，并且会自适应导航栏剩余空间。

导航菜单拆分成两部分。

- ❑ navbar-start：左侧部分，紧挨着 navbar-brand。
- ❑ navbar-end：右侧部分。

左侧部分比较适合展示品牌理念，添加在 navbar-brand 之后的位置，如图 3-3 所示。

```
<div class="navbar-menu">
  <div class="navbar-start">
    <div class="navbar-item">
      <small>Publishing at the speed of technology</small>
    </div>
  </div>
</div>
```

Publishing at the speed of technology

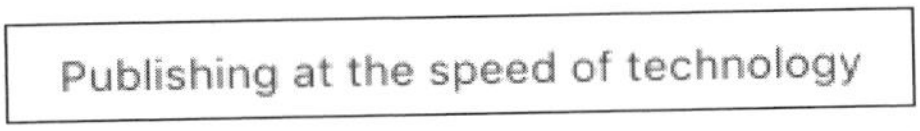

图 3-3

如果调整浏览器窗口大小，就会发现在窗口大于 1024 像素时品牌理念部分才会显示。

3.1.3 下拉菜单

在导航元素 nav-start 后面添加 nav-end 元素创建下拉菜单：

```
<div class="navbar-end">

</div>
```

navbar-end 元素包含可点击的导航链接。当鼠标指针移动到用户名上时下拉菜单会展开，显示用户 Alex Johnson 的信息。

既然“Alex Johnson”是导航中的链接，因此可以使用 Bulma 的 narbar-item 类来适配导航中的链接样式，该类同样适用于下拉菜单中的导航链接。可以通过 has-dropdown 修饰符来隐藏下拉菜单，除非鼠标指针悬浮在菜单之上，如图 3-4 所示。

```
<div class="navbar-end">
  <div class="navbar-item has-dropdown">
    <div class="navbar-link">
      Alex Johnson
    </div>
    <div class="navbar-dropdown">
      Dropdown content
    </div>
  </div>
</div>
```

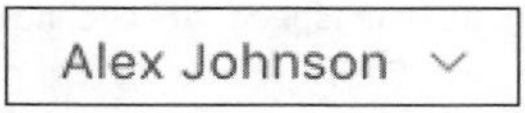

Alex Johnson ⌄

图 3-4

- has-dropdown：给 navbar-item 添加该类会隐藏其内部的下拉菜单。
- navbar-link：该导航链接元素总是可见的，并会触发下拉菜单。

❑ navbar-dropdown：下拉菜单容器。

navbar-dropdown 元素默认是隐藏的，可以通过鼠标或是 CSS 类来控制是否显示，用鼠标指针悬浮控制状态更为简单，给 navbar-item 添加 is-hoverable 类即可实现。

```
<div class="navbar-item has-dropdown is-hoverable">
```

鼠标指针悬浮到 Alex Johnson 菜单项上，便会展开下拉菜单，如图 3-5 所示。

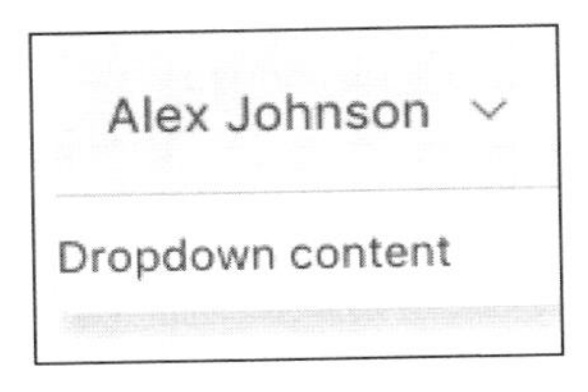

图 3-5

在 navbar-dropdown 元素下也可以添加 navbar-item 元素，下面增加 3 个带图标的导航子项。

将之前代码的“Dropdown content”内容改为如下代码，效果如图 3-6 所示。

```
<div class="navbar-dropdown">
  <a class="navbar-item">
    <div>
      <span class="icon is-small">
        <i class="fa fa-user-circle-o"></i>
      </span>
      Profile
    </div>
  </a>
  <a class="navbar-item">
    <div>
      <span class="icon is-small">
```

```
          <i class="fa fa-bug"></i>
        </span>
        Report bug
      </div>
    </a>
    <a class="navbar-item">
      <div>
        <span class="icon is-small">
          <i class="fa fa-sign-out"></i>
        </span>
        Sign Out
      </div>
    </a>
  </div>
```

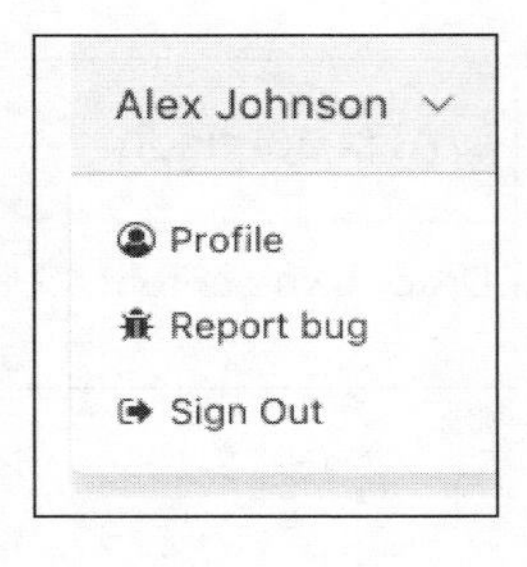

图 3-6

这样就编写好了管理页面的响应式导航栏，如图 3-7 所示。

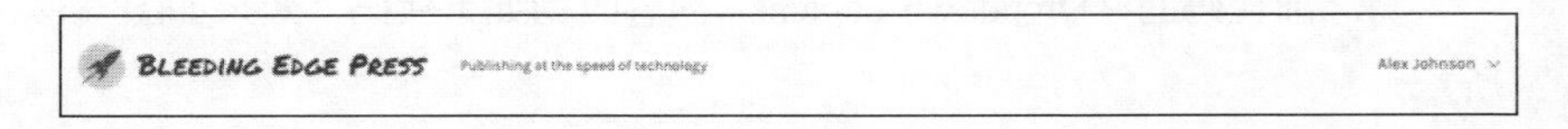

图 3-7

3.2 页面主区域

所有管理页面都会采用两列布局，左边展示所有页面共用的侧边栏菜单，右边是当前页面的内容区域。

在导航栏之后添加 Bulma 的 section 标签作为主内容区域的容器。

```
<section class="section">
  <!-- 页面主内容 -->
</section>
```

这就为页面的主要内容提供了一些空间，防止它到达视口边缘。下面定义两列布局。

在 section 中添加如下内容：

```
<div class="columns">
  <div class="column is-4-tablet is-3-desktop is-2-widescreen">
    <!-- 侧边栏 -->
  </div>
  <div class="column">
    <!-- 右侧部分，特定于每一页 -->
  </div>
</div>
```

和登录页面一样，这里第一列的内容根据窗口大小自动调整宽度，因为 Bulma 做了响应式处理，所以其余列会自动适配剩余空间大小。接下来在左侧区域添加侧边栏。

3.3 侧边栏菜单

菜单组件和导航栏组件的用法非常类似，包含 menu 容器、menu-list（菜单子项）等。

Bulma 的菜单组件可用于编写任何类型的垂直导航。下面编写包含 Dashboard、Books、Customers 和 Orders 的导航。

在左侧区域的第一列中添加菜单元素，创建一个<nav>标签并添加 menu 类。

```
<nav class="menu">

</nav>
```

可以给菜单添加标签等内容，menu-label 类可将任何 HTML 元素变成菜单的标签，不过该类多用于标题和段落标签。

继续创建侧边栏菜单：

```
<nav class="menu">
  <p class="menu-label">
    Menu
  </p>
</nav>
```

还需要一个菜单列表。该列表将包含 Dashborad、Books、Customers 和 Orders 页面等有用的链接。菜单列表应该是带有列表项的无序列表，这与为 Web 站点创建标准的导航栏并无差别。

```
<ul class="menu-list">
  <li>
    <a href="dashboard.html">
      <span class="icon">
        <i class="fa fa-tachometer"></i>
      </span>
      Dashboard
    </a>
  </li>
  <li>
    <a class="is-active" href="books.html">
      <span class="icon">
        <i class="fa fa-book"></i>
      </span>
      Books
    </a>
  </li>
  <li>
    <a href="customers.html">
      <span class="icon">
        <i class="fa fa-address-book"></i>
      </span>
      Customers
    </a>
  </li>
  <li>
    <a href="orders.html">
```

```
      <span class="icon">
        <i class="fa fa-file-text-o"></i>
      </span>
      Orders
    </a>
  </li>
</ul>
```

最终代码如下：

```
<nav class="menu">
  <p class="menu-label">
    Menu
  </p>
  <ul class="menu-list">
    <li>
      <a href="dashboard.html">
        <span class="icon">
          <i class="fa fa-tachometer"></i>
        </span>
        Dashboard
      </a>
    </li>
    <li>
      <a class="is-active" href="books.html">
        <span class="icon">
          <i class="fa fa-book"></i>
        </span>
        Books
      </a>
    </li>
    <li>
      <a href="customers.html">
        <span class="icon">
          <i class="fa fa-address-book"></i>
        </span>
        Customers
      </a>
    </li>
    <li>
      <a href="orders.html">
        <span class="icon">
          <i class="fa fa-file-text-o"></i>
        </span>
        Orders
```

```
        </a>
      </li>
    </ul>
  </nav>
```

这段代码会实现一个垂直菜单来填充页面左列，该菜单将占页面宽度的约 1/4，见图 3-8。

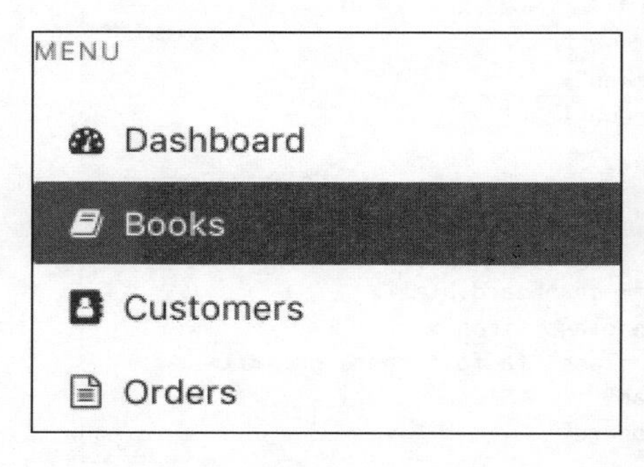

图 3-8

如图 3-8 所示，当前选中的是 Books 页面，记得给 Books 菜单项添加 `is-active` 修饰符类，使其处于选中状态。

3.4 小结

以上代码可作为模版，包含导航栏和侧边栏菜单两部分。接下来开发 Books 页面内容。

第 4 章

实现响应式栅格

本章将介绍如何使用 Bulma 创建响应式栅格，以及 `box`、`list`、`media` 和 `pagination` 等 Bulma 组件的用法，这些组件对于开发大型网站非常有用。

前面已经实现了页面左列的功能，接下来在右侧主内容区域添加响应式栅格。Books、Customers 和 Orders 页面的编写方式与之类似。我们会遵循 CRUD 模式来创建页面，每个页面将会包含如下 UI 组件：

- 一个展示内容的列表；
- 一个空表单；
- 用于更新列表内容的表单；
- 一个删除列表项的按钮。

将要实现的 books.html 页面右侧将会包含如下内容：

- 标题；
- 水平工具栏；

- 图书列表；
- 列表分页。

4.1 工具栏

在布局的第 2 列中创建主体内容，添加<h1>标签并加上 is-title 类，该类会使得<h1>标签的文本加粗，字号增大，以突出显示。

水平工具栏可以为用户提供更多操作，为了让组件在同一行中渲染，可以使用 level 组件。

4.1.1 level 组件和 navbar 组件的相似性

level 组件和 navbar 组件非常类似，但如果不是实现导航栏，应尽量避免使用 navbar 组件。

level 组件的结构如下：

```
<nav class="level">
  <div class="level-left">
    <div class="level-item">
    </div>
  </div>
  <div class="level-left">
    <div class="level-item">
    </div>
  </div>
</div><!-- level -->
```

4.1.2 创建工具栏

介绍过了 level 组件和 navbar 组件，但是还有几个修饰符类没有提及。

- subtitle：次级标题，与 title 类对应。
- is-5：标题修饰符类，产生类似于<h5>的标题效果。
- is-success：代表成功状态，默认设置绿色的效果。
- is-hidden-tablet-only：在平板设备上隐藏元素。
- select：正如 control 在输入框的使用，把 select 类用于<select>标签效果相近。

最终的工具栏代码如下所示：

```
<h1 class="title">Books</h1>

<nav class="level">
  <div class="level-left">
    <div class="level-item">
      <p class="subtitle is-5">
        <strong>6</strong> books
      </p>
    </div>

    <p class="level-item">
      <a class="button is-success" href="new-book.html">New</a>
    </p>

    <div class="level-item is-hidden-tablet-only">
      <div class="field has-addons">
        <p class="control">
          <input class="input" type="text" placeholder="Book name, ISBN...">
        </p>
        <p class="control">
          <button class="button">
            Search
          </button>
        </p>
      </div>
    </div>
  </div>

  <div class="level-right">
    <div class="level-item">
      Order by
    </div>
```

```
      <div class="level-item">
        <div class="select">
          <select>
            <option>Publish date</option>
            <option>Price</option>
            <option>Page count</option>
          </select>
        </div>
      </div>
    </div>
  </nav>
```

以上代码添加了标题“Books”和包含如下功能的水平工具栏，见图 4-1。

- 图书计数。
- “New”按钮，点击会跳转到一个新建图书页面。
- 搜索框。
- 排序下拉框。

图 4-1

说明：为了避免工具栏发生内容溢出，在平板设备上会隐藏搜索框。多亏了 level 类，所有元素都是垂直对齐且均匀间隔的。

4.2 图书栅格

要显示出版商出售的所有图书，需要定义一个包含 6 个图书条目的二维栅格。每个栅格将包括：

- 图书封面；

- ❑ 书名；
- ❑ 价格；
- ❑ 数据元数据（页码、ISBN 等）；
- ❑ 编辑和删除图书的链接。

要创建这 6 本书的栅格，先要创建标准的 columns 行，并用 column 类为它设置 6 个<div>子项。首先用一张图片作为图书的占位符。

```
<div class="columns">
  <div class="column">
    <img src="images/tensorflow.jpg" width="80">
  <div>
  <div class="column">
    <img src="images/tensorflow.jpg" width="80">
  <div>
  <div class="column">
    <img src="images/tensorflow.jpg" width="80">
  <div>
  <div class="column">
    <img src="images/tensorflow.jpg" width="80">
  <div>
  <div class="column">
    <img src="images/tensorflow.jpg" width="80">
  <div>
  <div class="column">
    <img src="images/tensorflow.jpg" width="80">
  <div>
</div>
```

在浏览器中刷新此 books.html 页面，应该看到 6 本书的封面均匀地排列在一行中，然而它们太小了，需要增大尺寸。使用修饰符类让列适配不同设备。

为了优化空间，列的数量将根据视口宽度变化：

- ❑ 在手机和平板设备上占据一列；
- ❑ 在桌面设备上占据两列；

- ❑ 在宽屏设备上占据三列。

```
<div class="column is-12-tablet is-6-desktop is-4-widescreen">
  <img src="images/tensorflow.jpg" width="80">
</div>
```

如果刷新浏览器窗口，会发生奇怪的状况：每本书的封面都根据不同设备自适应大小，但是并没有自动换行，这是因为添加的修饰符类覆盖了列的自适应能力，好在 Bulma 提供了解决该问题的类，因此不用额外编写自定义样式代码。

这个修饰符类就是 `is-multiline`。开发人员在开始使用 Bulma 时常忘记这个类。如果直接修改列宽并希望它们自动换行，需要使用 `is-multiline` 类。

4.3 图书项

`box` 类具有边框和阴影效果，可从视觉上区分各项，适用于重复列表项。

```
<article class="box">
  <div class="media">
    <aside class="media-left">
      <img src="images/tensorflow.jpg" width="80">
    </aside>

    <div class="media-content">
      <p class="title is-5 is-spaced is-marginless">
        <a href="edit-book.html">
          TensorFlow For Machine Intelligence
        </a>
      </p>
      <p class="subtitle is-marginless">
        $22.99
      </p>
      <div class="content is-small">
        270 pages
```

```
            <br>
            ISBN: 9781939902351
            <br>
            <a href="edit-book.html">Edit</a>
            <span>·</span>
            <a>Delete</a>
          </p>
        </div>
      </div>
    </article>
```

以上代码片段包含了一些未提及的类，其中一个类是 `media`，它是可重复的，嵌套着内容，比如图书信息或博客文章的评论，如图 4-2 所示。

- `media`：嵌套内容的容器，可重复。
- `media-left`：类似于 `navbar-left`，是 `media` 组件的左侧部分。
- `media-content`：`media` 内容容器。
- `is-marginless`：移除外边距。
- `content`：适用于任何文本内容。

图 4-2

`media` 组件是一个非常简单但很有用的 UI 组件，它可以把小的媒体元素（比如图像或图标）与较大的内容并排组合在一起。将书的封面与描述并列放置，在视觉上达到平衡并优化空间。

标题/副标题组合强调了重要的图书信息（书名和价格），而 `content` 类是 Bulma 用于包含任何较长文本的基本容器。

提示： 为了确保图片正常显示，请按图 4-3 所示的目录结构设置图片路径。

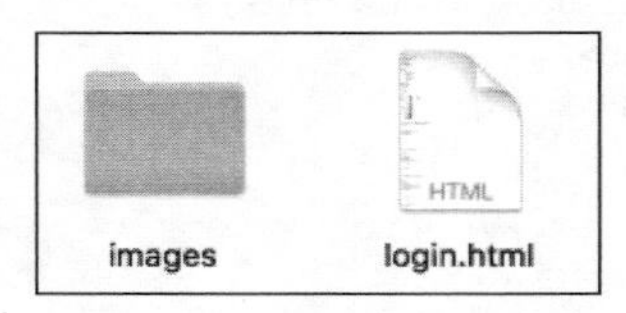

图 4-3

给其余 5 本书分别添加封面图片，如图 4-4 所示。

- Docker in Production → docker.jpg
- Developing a Gulp.js Edge → gulp.jpg
- LearningSwift → swift.jpg
- Choosing a JavaScript Framework → js-framework.jpg
- Deconstructing Google Cardboard Apps → google-cardboard.jpg

图 4-4

现在页面栅格中已经包含 6 本书了，调整浏览器窗口大小，就会发现栅格会从一列变成两列、三列。

4.4 分页

因为图书数目是不固定的，所以很有可能最后超过 6 本（或 12 本，若想每页展示 12 本书）。对于一页展示不全的情况，可以使用分页组件来显示任意多本书。

在包含 is-multiline 类的元素后面添加如下代码，效果见图 4-5。

```
<nav class="pagination">
  <a class="pagination-previous">Previous</a>
  <a class="pagination-next">Next page</a>
  <ul class="pagination-list">
    <li>
      <a class="pagination-link">1</a>
    </li>
    <li>
      <span class="pagination-ellipsis">&hellip;</span>
    </li>
    <li>
      <a class="pagination-link">45</a>
    </li>
    <li>
      <a class="pagination-link is-current">46</a>
    </li>
    <li>
      <a class="pagination-link">47</a>
    </li>
    <li>
      <span class="pagination-ellipsis">&hellip;</span>
    </li>
    <li>
      <a class="pagination-link">86</a>
    </li>
  </ul>
</nav>
```

- pagination：分页组件容器。
- pagination-previous 和 pagination-next：前一页按钮和后一页按钮。
- pagination-link：页码跳转链接。

- pagination-ellipsis：页码过多展示不全的做省略处理。
- is-current：高亮显示当前页码。

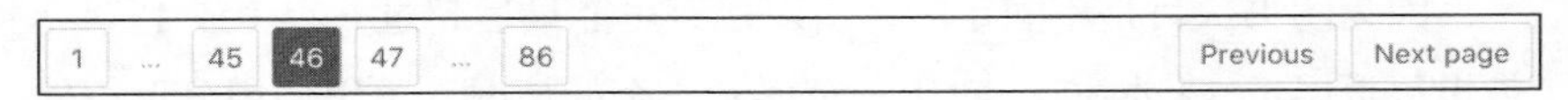

图 4-5

根据页码数可以做如下处理，效果见图 4-6。

- 添加或移除 pagination-ellipsis 元素。
- 使用 disabled 类来控制“Previous”和“Next page”按钮是否可点击。

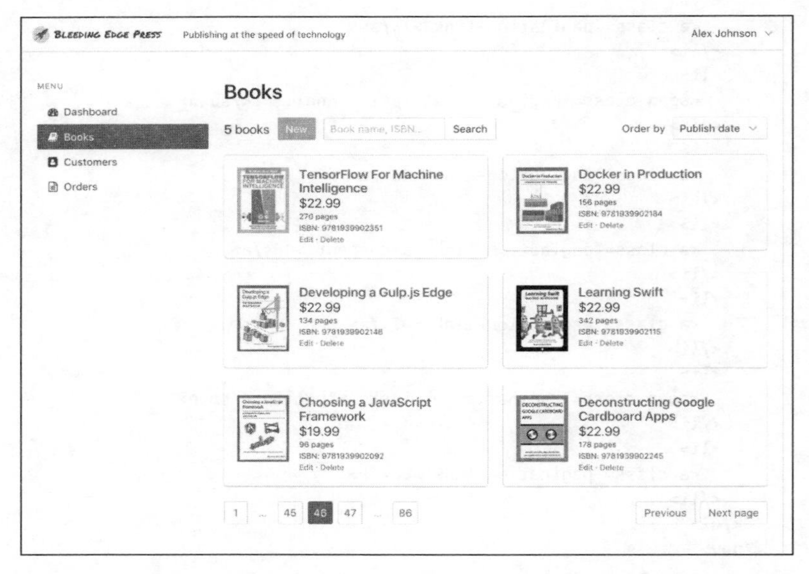

图 4-6

4.5 小结

这样就完成了图书列表页面，接下来编写图书详情页。

第 5 章

创建面包屑导航和文件上传功能

接下来创建面包屑和字段。本章在前几章的基础上，创建图书详情页。

图书详情页面包含.new-book.html 和.edit-book.html 两个页面，若想删除图书，只需要在图书列表中添加一个删除按钮即可。

复制 books.html 文件，重命名为 new-book.html，并删除右边列中的 `title`、`level`、`columns is-multiline` 和 `pagination` 等内容，只保留导航和侧边栏菜单。

5.1 图书详情页模板

图书详情页模板将包括两个部分：

- 面包屑导航，告诉用户他们在哪里，以及如何导航回来；
- 表单，允许用户输入图书信息。

5.1.1 面包屑

点击 books.html 的“New”按钮，就会跳转到 new.html 页面，因此可以把后者看作前者的一个子页面。要想向用户强调该层次结构，可以显示一个 Bulma 面包屑，如图 5-1 所示。

```
<nav class="breadcrumb">
  <ul>
    <li>
      <a href="books.html">Books</a>
    </li>
    <li class="is-active">
      <a href="new-book.html">New book</a>
    </li>
  </ul>
</nav>
```

Books / New book

图 5-1

如图 5-1 所示，“New book”代表当前页面，不可点击。

5.1.2 图书录入表单

图书详情包含如下字段：

- 标题；
- 价格；
- 页数；
- ISBN；
- 封面。

类似于登录页面，图书录入表单需要用到 `<form>` 标签和如下 Bulma 元素：

- ❑ `label`
- ❑ `text input`
- ❑ `textarea`
- ❑ `file upload`
- ❑ `buttons`

紧接着面包屑导航，添加第一个录入项，如图 5-2 所示。

```
<form>
  <div class="field">
    <div class="field">
      <label class="label">Title</label>
      <div class="control">
        <input class="input is-large" type="text" placeholder="e.g. Design-
ing with Bulma" required>
      </div>
    </div>
  </div>
</form>
```

图 5-2

因为书名是一本书最重要的信息，所以使用了一个大的输入框，这里可以直接使用 Bulma 的 `is-large` 修饰符类。对于该表单，输入项须为文本，而非数值。

接下来是价格、页码和 ISBN 的输入框，因为这几个输入项内容比较简短，在桌面设备上可以显示为一行，所以在标题表单项后输入编写如下代码：

```
<div class="columns is-desktop">
  <div class="column">
    <label class="label">Price</label>
```

```
        <div class="control has-icons-left">
          <input class="input" type="number" placeholder="e.g. 22.99" required>
          <span class="icon is-small is-left">
            <i class="fa fa-dollar"></i>
          </span>
        </div>
      </div>

      <div class="column">
        <label class="label">Pages</label>
        <div class="control">
          <input class="input" type="number" placeholder="e.g. 270" required>
        </div>
      </div>

      <div class="column">
        <label class="label">ISBN</label>
        <div class="control">
          <input class="input" type="text" placeholder="e.g. 9781939902351" re-
quired>
        </div>
      </div>
    </div>
```

使用修饰符类 is-desktop 来控制这一行仅在桌面设备上显示，而在移动设备和平板设备上隐藏，如图 5-3 所示。

图 5-3

要设置价格，可以使用 has-icons-left 修饰符类并添加 Font Awesome fa-dollar 图标。

对于封面图片，Bulma 提供了包含图标、标签和可选文件名的文件输入框。在 columns 之后添加另一个表单项，如图 5-4 所示。

```
<div class="field">
  <label class="label">Cover image</label>
```

```
  <div class="control">
    <div class="file has-name">
      <label class="file-label">
        <input class="file-input" type="file">
        <span class="file-cta">
          <span class="file-icon">
            <i class="fa fa-upload"></i>
          </span>
          <span class="file-label">
            Choose a file...
          </span>
        </span>
        <span class="file-name">
          No file chosen
        </span>
      </label>
    </div>
  </div>
</div>
```

- `field`：用于保持表单字段的间距一致。
- `file`：文件输入框容器。
- `file-label`：该字段的实际可交互、可点击内容。
- `file-input`：原生文件输入框，出于样式美化的目的将其隐藏。
- `file-cta`：上传文件动作。
- `file-icon`：可选的上传图标。
- `file-name`：选择的文件名。

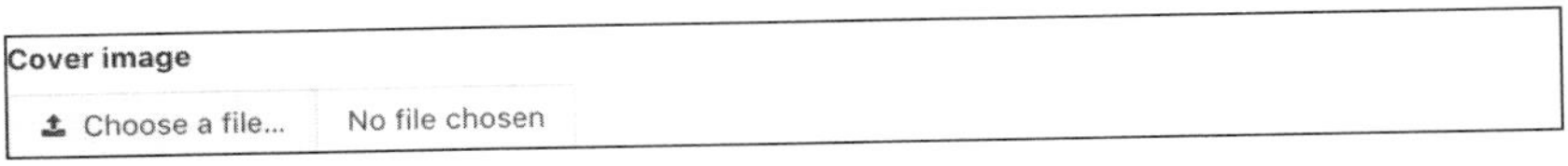

Cover image
Choose a file... No file chosen

图 5-4

如果用户选择了本机文件，`file-name` 字段内容会更新，图 5-4 为未选择状态。

最后添加创建按钮和取消按钮，正确填写图书信息后可以通过创建按钮创建一本书，取消按钮用于取消本次图书创建，如图 5-5 所示。Bulma

提供了多种按钮，可用于不同功能。

```
<div class="field">
  <div class="buttons">
    <button class="button is-medium is-success">Create book</button>
    <button class="button is-medium is-light">Cancel</button>
  </div>
</div>
```

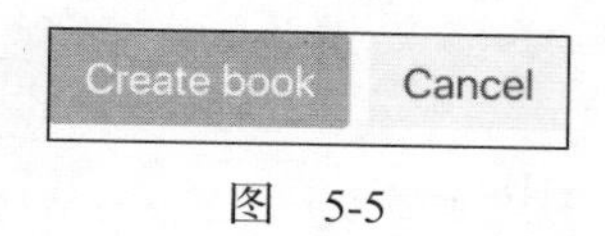

图 5-5

5.2 编辑页面模板

图书编辑页面与图书创建页面基本相同，仅有以下区别：

- ❑ 面包屑当前导航为“Edit book”；
- ❑ 所有图书表单内容都已填写好；
- ❑ 封面是预览图；
- ❑ 创建按钮变成了“Save changes”按钮。

基于此，复制 new-book.html 页面，重命名为 edit-book.html 页面，并做如下改动。

将面包屑中的“New book”改为“Edit book”，如图 5-6 所示。

```
<nav class="breadcrumb">
  <ul>
    <li>
      <a href="books.html">Books</a>
    </li>
    <li class="is-active">
      <a href="edit-book.html">Edit book</a>
    </li>
  </ul>
</nav>
```

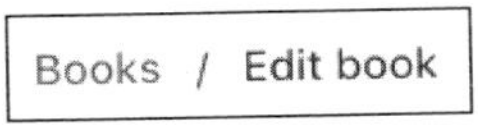

Books / Edit book

图 5-6

第 1 个表单的 value 属性应该是书名，如图 5-7 所示。

```
<input class="input is-large" type="text" placeholder="e.g. Designing with
Bulma" value="TensorFlow For Machine Intelligence" required>
```

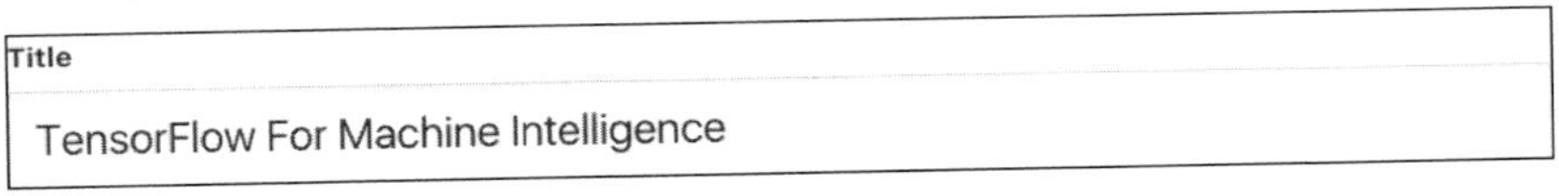

Title

TensorFlow For Machine Intelligence

图 5-7

紧接着的 3 个输入框都应该有值，所以给每一个输入框添加值，如图 5-8 所示。

```
<input class="input" type="number" placeholder="e.g. 22.99" value="22.99" re-
quired>
<input class="input" type="number" placeholder="e.g. 270" value="270" re-
quired>
<input class="input" type="text" placeholder="e.g. 9781939902351" val-
ue="9781939902351" required>
```

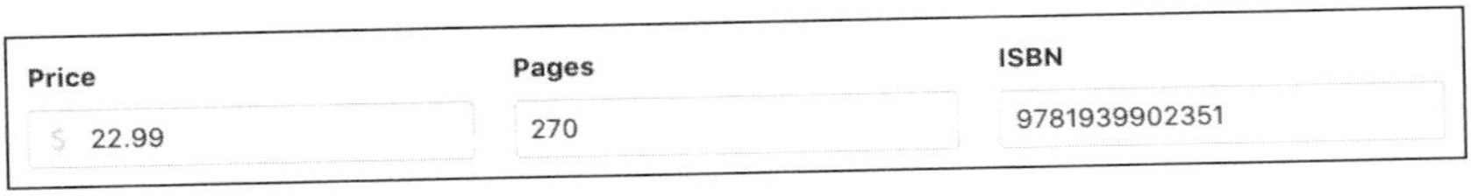

Price	Pages	ISBN
$ 22.99	270	9781939902351

图 5-8

因为封面图已经上传了，所以添加“Cover image”标签和一个 control 类显示已经上传的封面图，如图 5-9 所示。

```
<div class="field">
  <label class="label">Cover image</label>
  <div class="control">
    <img src="images/tensorflow.jpg">
  </div>
  <div class="control">
    <div class="file has-name">
<!-- 等等 -->
```

图 5-9

该 UI 可以避免用户在未上传新封面图的情况下删除旧封面图，如图 5-10 所示。

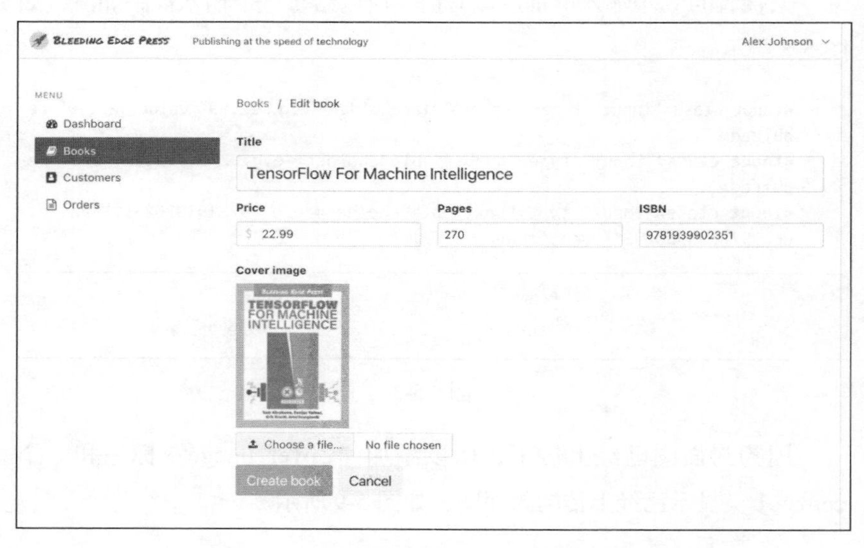

图 5-10

5.3 小结

这样就完成了图书相关页面，接下来开发 Customers 页面。

第 6 章

创建表格和下拉菜单

一如既往，本章会继续开发之前创建的项目，重点介绍如何基于 Bulma 的类创建表格。

在完成 Book 页面的 CRUD 功能的开发后，接下来开发 Customers 页面，其功能和 Book 页面类似，包含客户的创建、编辑、查看和删除，仅有的两处不同是创建客户的表单字段和客户列表的展示方式。客户列表的展示将使用表格组件而不是 `box` 组件。

完整示例见随书代码。

6.1 客户列表

复制 books.html 页面，重命名为 customers.html，然后做如下更改，效果见图 6-1。

- 对侧边栏的应用 Customers 菜单项 `is-active` 类。
- 将页面标题由“Books”改为“Customers”。

- 移除图书项栅格。

图 6-1

如图 6-1 所示，需要继续修改该页面。

6.1.1 更新工具栏

对工具栏中组件的文本做如下更改，效果见图 6-2。

- 将“6 books”改为“3 customers”。
- 将“New”按钮的跳转链接改为 new-customer.html。
- 将“Book name, ISBN...”占位符改为“Name, email...”。

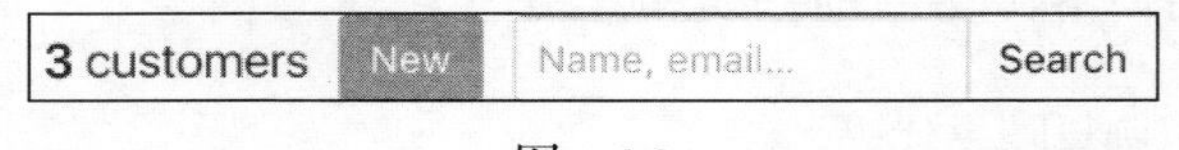

图 6-2

工具栏右侧内容替换为如下内容，效果见图 6-3。

```
<div class="level-right">
  <p class="level-item"><strong>All</strong></p>
  <p class="level-item"><a>With orders</a></p>
  <p class="level-item"><a>Without orders</a></p>
</div>
```

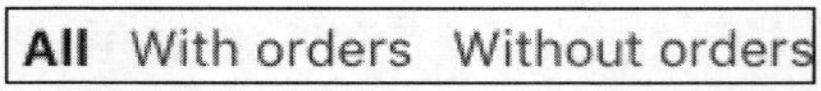

图 6-3

借助一个<strong>标签和两个<a>标签，就得到了一个基本的 toggle 控件。

6.1.2 实现客户表格

为了保证页面简洁，每位客户将包含如下字段：

- 姓名；
- 邮箱地址；
- 联系地址，包含街道名称、邮编、城市和国家（地区）信息；
- 客户订单。

因为不涉及图片展示，所以这里使用 Bulma 的<table>来更好地展示信息。

在 level 和 pagination 间添加如下信息，效果见图 6-4。

```
<table class="table is-hoverable is-fullwidth">
  <thead>
    <tr>
      <th class="is-narrow">
        <input type="checkbox">
      </th>
      <th>Name</th>
      <th>Email</th>
      <th>Country</th>
      <th>Orders</th>
      <th>Actions</th>
    </tr>
  </thead>
  <tfoot>
    <tr>
      <th class="is-narrow">
        <input type="checkbox">
      </th>
      <th>Name</th>
      <th>Email</th>
```

```
        <th>Country</th>
        <th>Orders</th>
        <th>Actions</th>
      </tr>
    </tfoot>
    <tbody>
      <tr>
        <td>
          <input type="checkbox">
        </td>
        <td>
          <a href="edit-customer.html">
            <strong>John Miller</strong>
          </a>
        </td>
        <td><code>johnmiller@gmail.com</code></td>
        <td>United States</td>
        <td>
          <a href="customer-orders.html">2</a>
        </td>
        <td>
          <div class="buttons">
            <a class="button is-small" href="edit-customer.html">Edit</a>
            <a class="button is-small">Delete</a>
          </div>
        </td>
      </tr>
    </tbody>
</table>
```

▢	Name	Email	Country	Orders	Actions
▢	John Miller	johnmiller@gmail.com	United States	2	Edit Delete
▢	Name	Email	Country	Orders	Actions

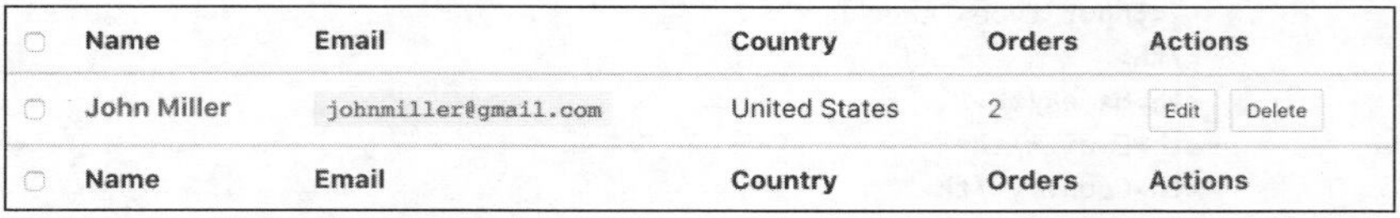

图　6-4

说明：由于地址可能很长，因此对于列表视图来说“国家（地区）”已经足够了。表格中使用了两个修饰符类。

- ❑ is-hoverable：鼠标指针悬浮时高亮。
- ❑ is-fullwidth：令表格宽度等于窗口宽度。

包含复选框的单元格使用 `is-narrow` 修饰符类以确保其尽可能窄。复选框常在表格中用于批量编辑功能。

在表格中添加两行，包含客户姓名、邮箱地址、国家（地区）、订单数目数据，如图 6-5 所示。

☐	Name	Email	Country	Orders	Actions
☐	John Miller	johnmiller@gmail.com	United States	2	Edit Delete
☐	Samantha Rogers	samrogers@gmail.com	United Kingdom	5	Edit Delete
☐	Paul Jacques	paul.jacques@gmail.com	Canada	2	Edit Delete
☐	Name	Email	Country	Orders	Actions

图 6-5

这样就完成了客户列表页面，接下来编写客户相关页面。

6.2 新建客户页面

新建客户页面和新建图书页面类似，包含一个面包屑导航和一系列表单字段列表项。

复制 new-book.html 页面并重命名为 new-customer.html 页面。对侧边栏中的 Customers 菜单项应用 `is-active`，并将面包屑导航中的“book”改为“customer”。

下面开发客户表单。除第一个输入框和最后两个按钮外，将其余表单内容全部删除，如图 6-6 所示。

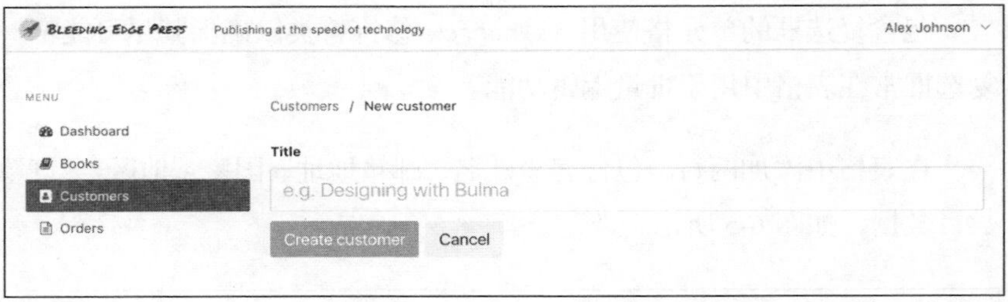

图 6-6

对于第 1 个输入框，只需要更改 label 元素和提示文本即可，效果如图 6-7 所示。

```
<div class="field">
  <div class="field">
    <label class="label">Full name</label>
    <div class="control">
      <input class="input is-large" type="text" placeholder="e.g. Alex
Smith" required>
    </div>
  </div>
</div>
```

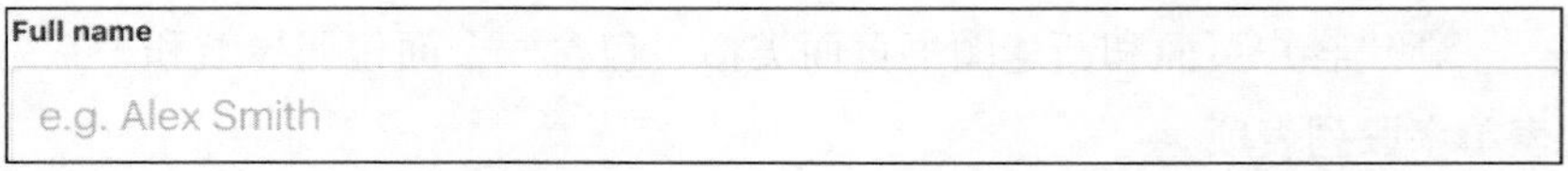

图 6-7

第 2 个字段是带信封图标的邮箱输入框，效果如图 6-8 所示。

```
<div class="field">
  <label class="label">Email</label>
  <div class="control has-icons-left">
    <input class="input" type="email" placeholder="e.g. alexjohn-
son@gmail.com" required>
    <span class="icon is-small is-left">
      <i class="fa fa-envelope"></i>
    </span>
  </div>
</div>
```

Email

e.g. alexjohnson@gmail.com

图　6-8

第 3 个和第 4 个输入框是客户地址输入表单，第 4 个输入框不需要 `label` 元素，效果如图 6-9 所示。

```
<div class="field">
  <label class="label">Address</label>
  <div class="control">
    <input class="input" type="text" placeholder="Number and street name" re-
quired>
  </div>
</div>

<div class="field">
  <div class="control">
    <input class="input" type="text" placeholder="Second address line (op-
tional)">
  </div>
</div>
```

Address

Number and street name

Second address line (optional)

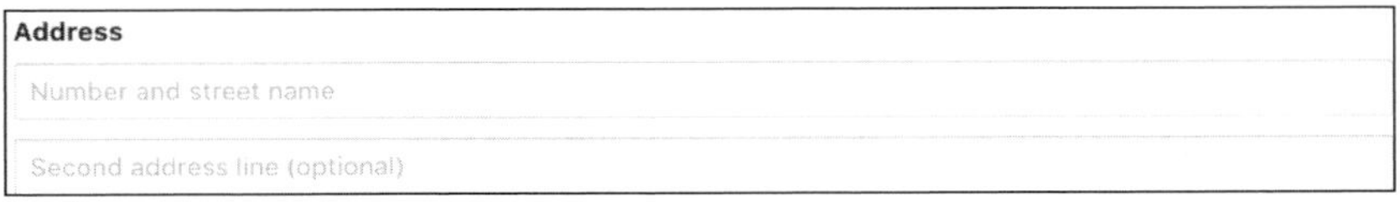

图　6-9

邮编、城市、国家（地区）字段输入框通过 Bulma 的列来展示，效果如图 6-10 所示。

```
<div class="columns is-multiline">
  <div class="column is-12-tablet is-6-tablet is-4-desktop">
    <label class="label">Postcode / Zipcode</label>
    <div class="control">
      <input class="input" type="text" placeholder="e.g. 67202" required>
    </div>
  </div>
  <div class="column is-12-tablet is-6-tablet is-4-desktop">
    <label class="label">City</label>
```

```
      <div class="control">
        <input class="input" type="text" placeholder="e.g. San Francisco" re-
quired>
      </div>
    </div>

    <div class="column is-12-tablet is-6-tablet is-4-desktop">
      <label class="label">Country</label>
      <div class="control">
        <div class="select">
          <select>
            <option>-- Choose a country --</option>
            <option>Canada</option>
            <option>United Kingdom</option>
            <option>United States</option>
          </select>
        </div>
      </div>
    </div>
  </div>
```

Postcode / Zipcode
e.g. 67202
City
e.g. San Francisco
Country
-- Choose a country --

图 6-10

最后的按钮只需要更名即可，效果如图 6-11 所示。

```
<div class="field">
  <div class="buttons">
    <button class="button is-medium is-success">Create customer</button>
    <button class="button is-medium is-light">Cancel</button>
  </div>
</div>
```

图 6-11

完整页面效果如图 6-12 所示。

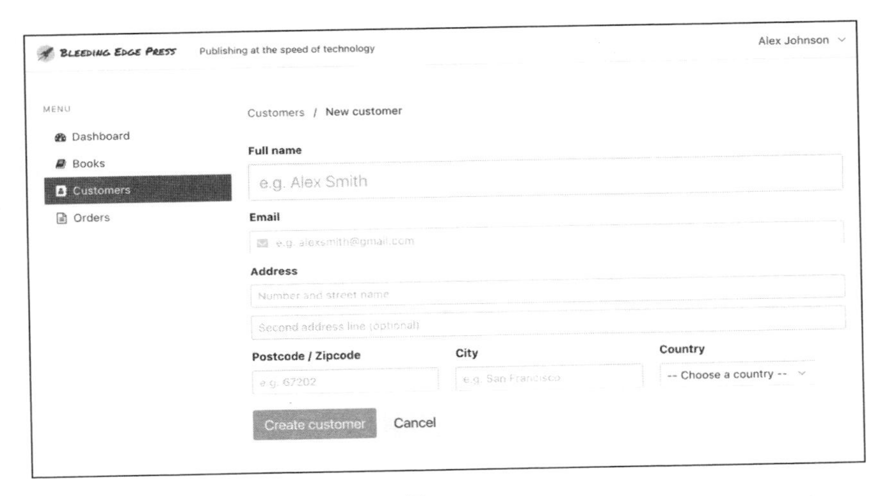

图 6-12

这样就完成了客户新建页面，客户编辑页面可以复用该页面的代码。

客户编辑模板

正如图书编辑页面，客户编辑页面与客户新建页面相比，只是表单内容已填充了。

复制 new-customer.html 页面，重命名为 edit-customer.html 页面，并做如下更改，效果如图 6-13 所示。

- 将面包屑导航改为“Edit customer”。
- 给每一个必填项添加内容。
- 选择一个国家（地区）。
- 将绿色按钮的文本改为“Save changes”。

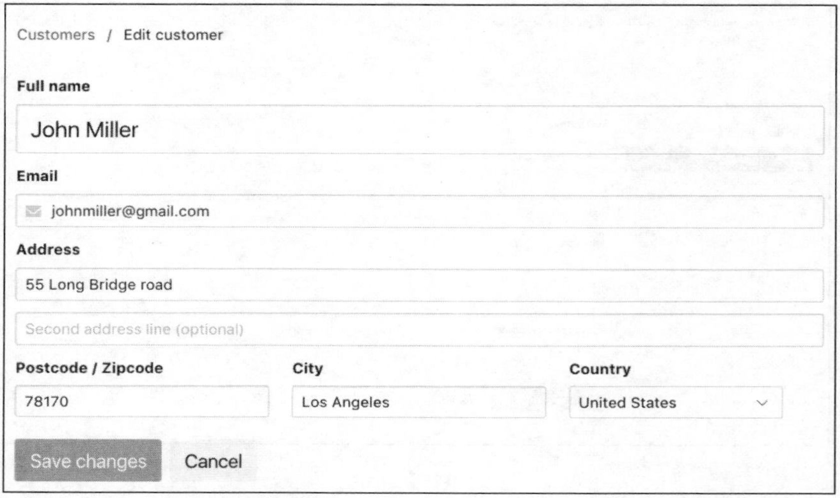

Customers / Edit customer

Full name

John Miller

Email

johnmiller@gmail.com

Address

55 Long Bridge road

Second address line (optional)

Postcode / Zipcode

78170

City

Los Angeles

Country

United States

Save changes

Cancel

图　6-13

对国家（地区）选择框添加 selected 属性：

```
<select>
  <option>-- Choose a country --</option>
  <option>Canada</option>
  <option>United Kingdom</option>
  <option selected>United States</option>
</select>
```

6.3　小结

本章介绍了基本表格的开发，第 7 章将介绍高级表格的创建。

第 7 章

创建更多表格及下拉菜单

本章继续在下拉菜单中使用表格。如果读者跟随前文的讲解进行操作，那么至此已经创建了应用程序的大部分功能，然而需要做的还有很多。

订单内容将客户和一本或多本书关联起来，每条订单都包含如下信息：

- id 标识符；
- 关联的客户；
- 日期；
- 图书列表；
- 订单状态（进行中、成功、失败）；
- 费用总计。

完整示例见随书代码。

7.1　订单列表

订单列表可以使用类似于客户列表的表格进行展示。

复制 customers.html 页面，重命名为 orders.html 页面，然后做如下改动，效果见图 7-1。

- 更改侧边栏 `is-active` 类的应用对象。
- 将标题改为“Orders”。
- 把“3 customers”改为“2 orders”。
- 移除“New”按钮。
- 输入框提示文本改为“Order #, customer...”。

Orders
2 orders　Order #, customer...　Search　All　With orders　Without orders

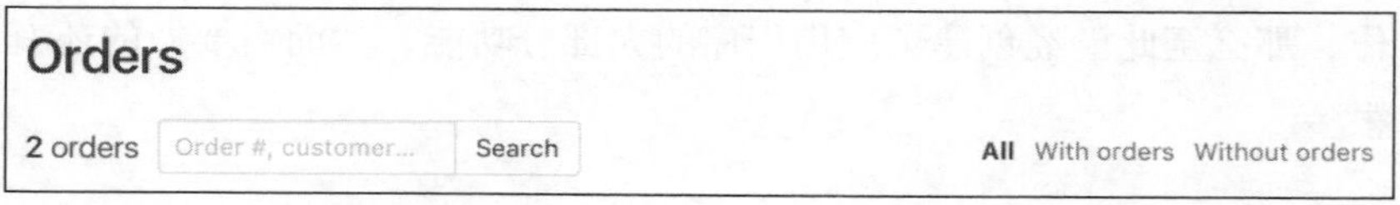

图　7-1

移除“New”按钮是因为订单是当客户从网站上买书时自动生成的。

表格包含如下新列，如图 7-2 所示。

- 订单。
- 客户。
- 日期。
- 图书数目。
- 状态。
- 费用总计。

```
<table class="table is-hoverable is-fullwidth">
  <thead>
    <tr>
      <th>Order #</th>
      <th>Customer</th>
      <th>Date</th>
      <th>Books</th>
      <th>Status</th>
      <th class="has-text-right">Total</th>
    </tr>
  </thead>
  <tfoot>
    <tr>
      <th>Order #</th>
      <th>Customer</th>
      <th>Date</th>
      <th>Books</th>
      <th>Status</th>
      <th class="has-text-right">Total</th>
    </tr>
  </tfoot>
  <tbody>
    <tr>
      <td>
        <a href="edit-order.html"><strong>787352</strong></a>
      </td>
      <td>
        <a href="edit-customer.html">John Miller</a>
      </td>
      <td>Nov 18, 17:38</td>
      <td>2</td>
      <td>
        <span class="tag is-warning">In progress</span>
      </td>
      <td class="has-text-right">$56.98</td>
    </tr>
  </tbody>
</table>
```

- has-text-right：文本居右对齐。
- tag：标签组件。
- is-warning：警告提示。

Order #	Customer	Date	Books	Status	Total
787352	John Miller	Nov 18, 17:38	2	In progress	$56.98
Order #	Customer	Date	Books	Status	Total

图　7-2

使用 Bulma 的 `tag` 组件显示订单状态，对应标签组件修饰符类如下所示：

- 进行中 → `is-warning`；
- 成功 → `is-success`；
- 失败 → `is-danger`。

添加新的订单内容，完成订单页面，如图 7-3 所示。

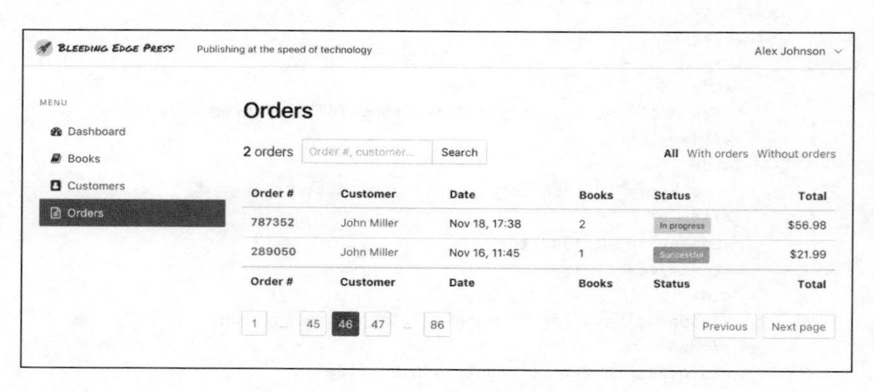

图　7-3

7.2　订单编辑页面

复制 orders.html 页面，重命名为 edit-order.html 页面，并将右侧主区域内容移除，如图 7-4 所示。

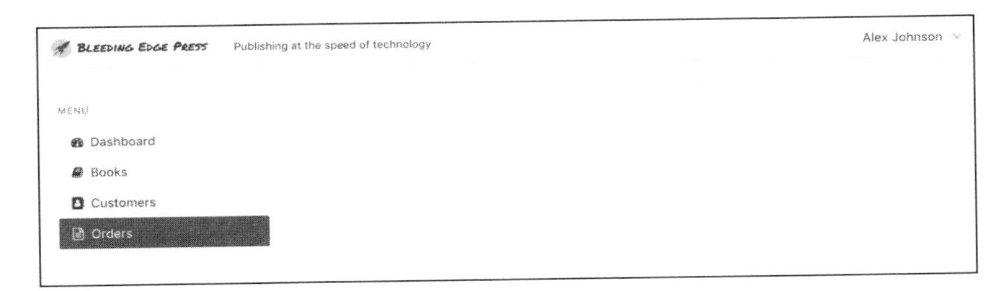

图 7-4

每条订单都有一个自动生成的订单 id 用作标题展示，位于面包屑下，如图 7-5 所示。

```
<nav class="breadcrumb">
  <ul>
    <li>
      <a href="orders.html">Orders</a>
    </li>
    <li class="is-active">
      <a>Edit order</a>
    </li>
  </ul>
</nav>

<h1 class="subtitle is-3">
  <span class="has-text-grey-light">Order</span> <strong>787352</strong>
</h1>
```

图 7-5

每条订单包含了客户和图书的对应关系，可用两列展示这种关系。

```
<div class="columns is-desktop">
  <div class="column is-4-desktop is-3-widescreen">
    <!-- 左列展示订单信息与客户 -->
  </div>
```

```
  <div class="column">
    <!-- 右列为图书列表 -->
  </div>
</div>
```

7.2.1 订单信息

订单信息大多是只读的，只有订单状态可更改，在上诉代码的左侧栏添加如下代码，效果见图 7-6。

```
<p class="heading">
  <strong>Date</strong>
</p>
<p class="content">
  Nov 18, 17:38
</p>

<p class="heading">
  <strong>Status</strong>
</p>
<div class="buttons">
  <button class="button is-small is-warning">In progress</button>
  <button class="button is-small is-success is-outlined">Successful</button>
  <button class="button is-small is-danger is-outlined">Failed</button>
</div>

<p class="heading">
  <strong>Customer</strong>
</p>
<p class="content">
  <strong>
    <a href="edit-customer.html">John Miller</a>
  </strong>
  <br>
  <code>johnmiller@gmail.com</code>
  <br>
  55 Long Bridge road
  <br>
  78170 Los Angeles
  <br>
  United States
</p>
```

DATE

Nov 18, 17:38

STATUS

In progress　Successful　Failed

CUSTOMER

John Miller

johnmiller@gmail.com

55 Long Bridge road

78170 Los Angeles

United States

图 7-6

这 3 个按钮逻辑互斥，其中镂空的按钮处于非激活状态，剩下的那个按钮处于选中状态。

客户名可链接到订单编辑页面，以便客户及时更新订单状态。

7.2.2 图书列表

之前编写的 books.html 页面的图书列表是栅格化的 box 组件，这里的图书列表是供用户选择的图书列表，不必像 Books 页面那般详细，所以这里用 Bulma 的表格组件来展示。

在右侧列添加如下代码片段，效果见图 7-7。

```
<p class="heading">
  <strong>Books</strong>
</p>
<table class="table is-bordered is-fullwidth">
  <thead>
    <tr>
      <th class="is-narrow">Cover</th>
      <th>Title</th>
```

```
      <th class="has-text-right is-narrow">Price</th>
      <th class="has-text-right is-narrow">Amount</th>
      <th class="has-text-right is-narrow">Total</th>
    </tr>
  </thead>
  <tfoot>
    <tr>
      <th colspan="5" class="has-text-right">$42.98</th>
    </tr>
  </tfoot>
  <tbody>
    <tr>
      <td>
        <img src="images/tensorflow.jpg" width="40">
      </td>
      <td>
        <a href="edit-book.html">
          <strong>
            TensorFlow For Machine Intelligence
          </strong>
        </a>
      </td>
      <td class="has-text-right">
        $22.99
      </td>
      <td class="has-text-right">
        <input class="input is-small" type="number" value="1" maxlength="2"
max="2">
      </td>
      <td class="has-text-right">
        $22.99
      </td>
    </tr>
    <tr>
      <td>
        <img src="images/js-framework.jpg" width="40">
      </td>
      <td>
        <a href="edit-book.html">
          <strong>
            Choosing a JavaScript Framework
          </strong>
        </a>
      </td>
      <td class="has-text-right">
        $19.99
```

```
      </td>
      <td class="has-text-right">
        <input class="input is-small" type="number" value="1" maxlength="2"
max="2">
      </td>
      <td class="has-text-right">
        $19.99
      </td>
    </tr>
  </tbody>
</table>
```

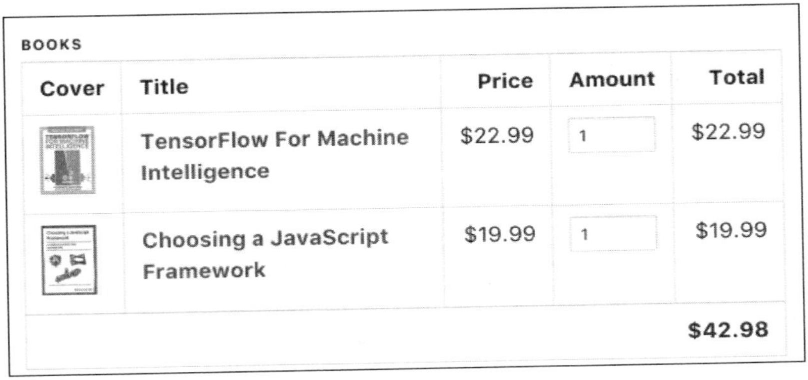

BOOKS

Cover	Title	Price	Amount	Total
	TensorFlow For Machine Intelligence	$22.99	1	$22.99
	Choosing a JavaScript Framework	$19.99	1	$19.99
				$42.98

图 7-7

每一行代表客户的一次购买记录，可以链接到图书详情，图书数量是可编辑的。

最后一列显示总花费。

7.2.3 行内表单

更改订单的原因有很多：

- 一本书脱销了；
- 客户想再买一本；

- ❑ 客户买错书了，想换一本；
- ❑ 订单中增加一本书。

这就是为什么书的数量是可编辑的，而用户需要能够添加尚未在列表中的书。

在表格的 tbody 最后新增一行，如图 7-8 所示。

```
<tr>
  <td colspan="5">
    <div class="field is-grouped is-grouped-right">
      <div class="control">
        <div class="select is-small">
          <select>
            <option>TensorFlow For Machine Intelligence</option>
            <option>Docker in Production</option>
            <option>Developing a Gulp.js Edge</option>
            <option>Learning Swift</option>
            <option>Choosing a JavaScript Framework</option>
            <option>Deconstructing Google Cardboard Apps</option>
          </select>
        </div>
      </div>
      <div class="control">
        <input class="input is-small" type="number" value="1" placehold-
er="Amount" maxlength="2" max="2">
      </div>
      <div class="control">
        <a class="button is-small is-link">Add book</a>
      </div>
    </div>
  </td>
</tr>
```

图 7-8

借助 field is-grouped 类，可以将一组表单项以一行展示，得到图 7-8 所示的水平表单。

7.3 小结

这样就完成了订单相关页面，如图 7-9 所示。

图 7-9

接下来开发 Dashboard 页面。

第 8 章

创建通知和卡片功能

前面介绍了 Bulma 框架有很多组件和修饰符类可供选用，其设计初衷就是创建简洁和结构化的用户界面，而不需要编写 CSS 代码，很棒吧！当然，随时可以使用变量修改 Bulma 框架默认功能以及添加自定义样式。

关于 Bulma，还有几个方面未提及，包括通知功能和卡片功能。下面完成这个应用程序，后文将介绍如何将 Bulma 与原生 JavaScript 以及 Angular、Vue 和 React 这些前端框架结合使用。

Dashboard 页面是用户登录之后进入的页面。通常最后设计该页面，因为它相当于其他页面的概览和快捷方式。其思想是使用其他页面的内容，并以简洁的方式呈现它们。

Dashboard 的布局将是一个组件栅格，每个组件都与一项或多项内容相关：

- ❑ 核心指标；
- ❑ 最新订单列表；

- ❑ 热门图书；
- ❑ 忠实客户。

使用 Bulma 的标准组件，可以轻松构建包含大量用例的 Dashboard 页面。

8.1 标题、时间范围

Dashboard 的主要作用是概览一定时间范围内的信息，以便用户对管理区域的状态一目了然。

复制 books.html 页面并将右侧列的代码全部移除（从 Books 标题到分页组件），只保留顶部导航栏和侧边栏菜单，并对 Dashboard 菜单项应用 `is-active` 类，如图 8-1 所示。

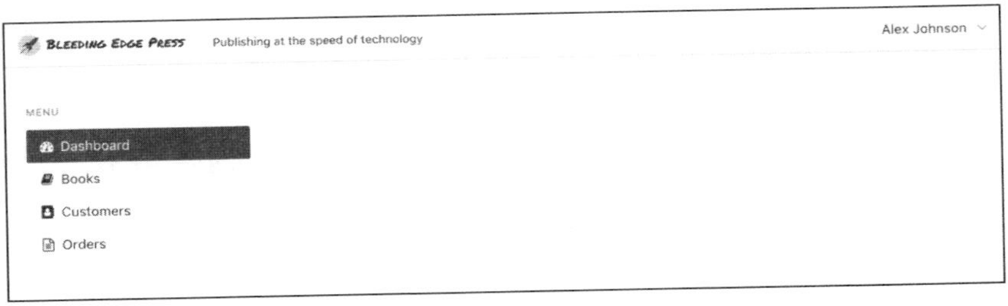

图 8-1

在右侧区域编写一个包含标题和下拉菜单的 `level` 组件，效果如图 8-2 所示。

```
<div class="level">
  <div class="level-left">
    <h1 class="subtitle is-3">
      <span class="has-text-grey-light">Hello</span> <strong>Alex Johnson</
strong>
```

```
    </h1>
  </div>
  <div class="level-right">
    <div class="select">
      <select>
        <option>Today</option>
        <option>Yesterday</option>
        <option>This Week</option>
        <option selected>This Month</option>
        <option>This Year</option>
        <option>All time</option>
      </select>
    </div>
  </div>
</div>
```

`has-text-grey-light`：文本排版辅助类，给文本设置灰色以及 light 字重。

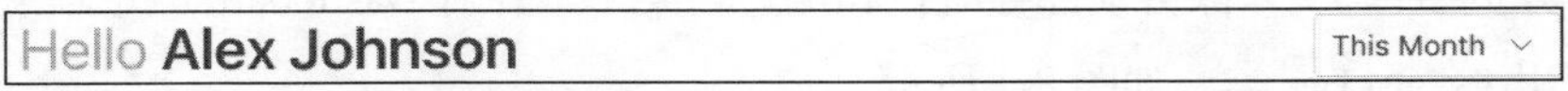

Hello Alex Johnson　　This Month

图 8-2

标题中提及用户名，可作为对用户登录状态的反馈。

右边是一个下拉菜单，可以选择 Dashboard 数据的时间范围。

8.2 核心指标

用户在 Dashboard 页面往往做短暂停留：进入该页面，快速浏览并转至感兴趣的地方，这也是 Dashboard 页面信息展示简明扼要的原因。

Bulma 提供了各种颜色的通知元素。与大字号的标题搭配，是展示核心指标的绝佳组合。

在 `level` 组件之后添加如下列，效果见图 8-3。

```
<div class="columns is-multiline">
  <div class="column is-12-tablet is-6-desktop is-3-widescreen">
    <div class="notification is-link has-text">
      <p class="title is-1">232</p>
      <p class="subtitle is-4">Orders</p>
    </div>
  </div>

  <div class="column is-12-tablet is-6-desktop is-3-widescreen">
    <div class="notification is-info has-text">
      <p class="title is-1">$7,648</p>
      <p class="subtitle is-4">Revenue</p>
    </div>
  </div>

  <div class="column is-12-tablet is-6-desktop is-3-widescreen">
    <div class="notification is-primary has-text">
      <p class="title is-1">1,678</p>
      <p class="subtitle is-4">Visitors</p>
    </div>
  </div>

  <div class="column is-12-tablet is-6-desktop is-3-widescreen">
    <div class="notification is-success has-text">
      <p class="title is-1">20,756</p>
      <p class="subtitle is-4">Pageviews</p>
    </div>
  </div>
</div>
```

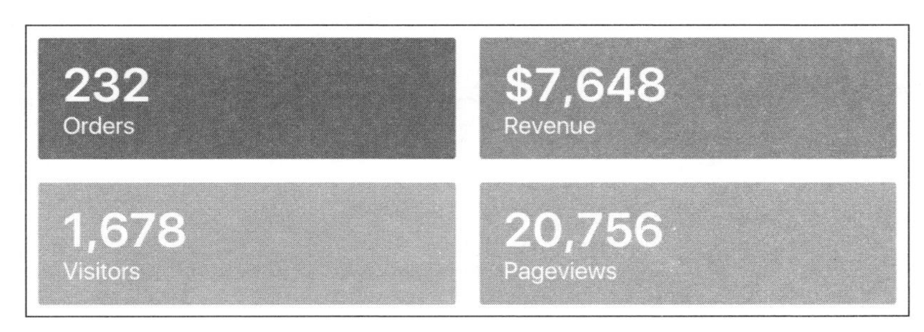

图 8-3

这些列是响应式的，所以在移动设备和平板设备上会显示为一列，在桌面设备上会显示为两列，在宽屏上会显示为四列。

8.3　最新订单列表

订单是最有可能频繁更改的内容类型，因为它们是由站点自动生成的。这也是为什么在导航到 Orders 页面之前就应显示其最新状态。

因为核心指标组件是响应式的，所以可以在其后面添加更多列元素。

在最后一个<div class="column is-12-tablet is-6-desktop is-3-widescreen">的后面添加如下代码（包含在<div class="columns is-multiline">标签中），效果见图 8-4。

```
<div class="column is-12-tablet is-6-desktop is-4-fullhd">
  <div class="card">
    <div class="card-content">
      <h2 class="title is-4">
        Latest orders
      </h2>

      <div class="level">
        <div class="level-left">
          <div>
            <p class="title is-5 is-marginless">
              <a href="edit-order.html">787352</a>
            </p>
            <small>
              Nov 18, 17:38 by <a href="edit-customer.html">John Miller</a>
            </small>
          </div>
        </div>
        <div class="level-right">
          <div class="has-text-right">
            <p class="title is-5 is-marginless">
              $56.98
            </p>
            <span class="tag is-warning">In progress</span>
          </div>
        </div>
      </div>
```

```
        <a class="button is-link is-outlined" href="orders.html">View all
orders</a>
      </div>
    </div>
  </div>
```

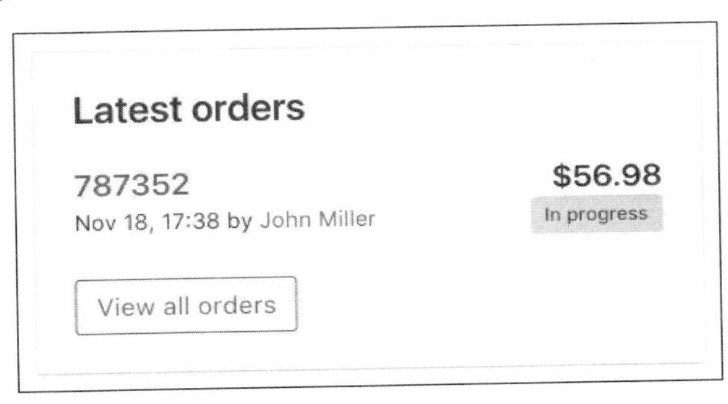

图 8-4

利用 level 组件在左侧显示订单 id、日期和客户来节省垂直空间，并将费用总计和状态推到右侧。

在第一个 level 组件和“View all orders”按钮之间，添加另外两条订单数据，如图 8-5 所示。

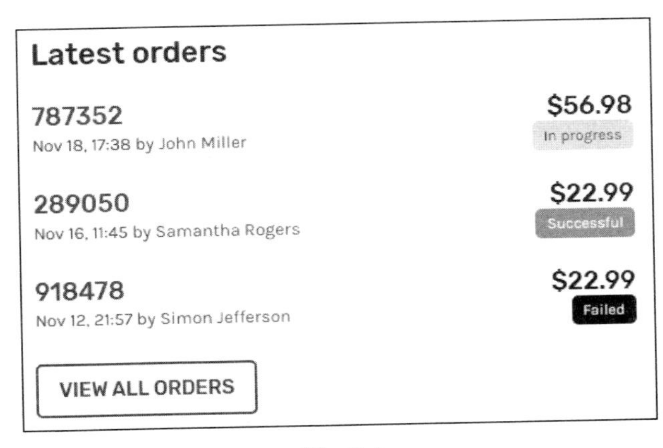

图 8-5

8.4 使用 card 组件展示热门图书

接下来创建 card 组件，Bulma 的 card 组件非常适于小块区域展示信息。card 组件通常和图片、视频等元素一起使用。card 组件应用广泛，尤其在电子商务网站中。下面给应用添加一些卡片展示。

card 组件的基本结构

```
<div class="card">
  <div class="card-image">
    <!-- 此处放置图片 -->
  <div>
  <div class="card-content">
    <!-- 此处放置内容-->
  <div>
</div>
```

在我们的例子中，将会使用 media 组件作为 card 组件的内容。

Dashboard 页面应该包含可随时间变化的内容模块，比如热门书单。

可以复用与前一列相同的布局，但要使用 media 组件，而不是 level 组件，效果如图 8-6 所示。

```
<div class="column is-12-tablet is-6-desktop is-4-fullhd">
  <div class="card">
    <div class="card-content">
      <h2 class="title is-4">
        Most popular books
      </h2>

      <div class="media">
        <div class="media-left is-marginless">
          <p class="number">1</p>
        </div>
        <div class="media-left">
          <img src="images/swift.jpg" width="40">
        </div>
```

```
          <div class="media-content">
            <p class="title is-5 is-spaced is-marginless">
              <a href="edit-book.html">Learning Swift</a>
            </p>
          </div>
          <div class="media-right">
            146 sold
          </div>
        </div>

        <a class="button is-link is-outlined" href="books.html">View all
books</a>
      </div>
    </div>
</div>
```

图　8-6

其中使用了两个 `media-left` 元素，这使得视图可并排放置多个窄元素（排名和封面图片）。

按第 1 本书格式添加第 2 本和第 3 本书到列表中，如图 8-7 所示。

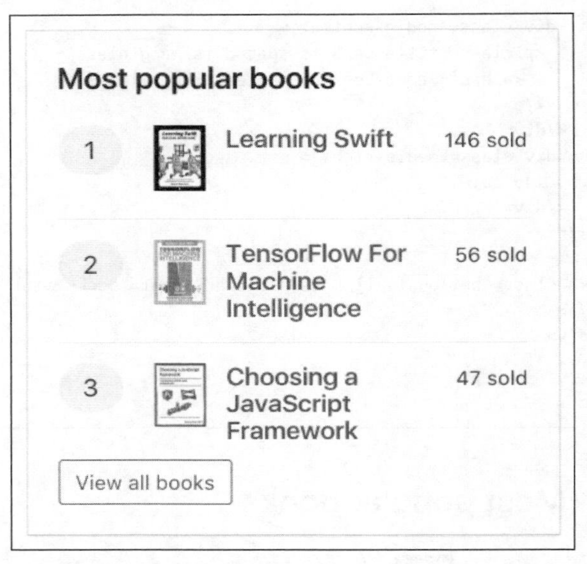

图 8-7

8.5 忠实客户

在最后一列展示忠实客户数据，紧接着上一列添加如下代码，效果见图 8-8。

```
<div class="column is-12-tablet is-6-desktop is-4-fullhd">
  <div class="card">
    <div class="card-content">
      <h2 class="title is-4">
        Most loyal customers
      </h2>

      <div class="media">
        <div class="media-left is-marginless">
          <p class="number">1</p>
        </div>
        <div class="media-content">
          <p class="title is-5 is-spaced is-marginless">
            <a href="edit-customer.html">John Miller</a>
```

```
          </p>
          <p class="subtitle is-6">
            United States
          </p>
        </div>
        <div class="media-right">
          7 orders
        </div>
      </div>

      <a class="button is-link is-outlined" href="customers.html">View all
customers</a>
    </div>
  </div>
</div>
```

- button：Bulma 按钮组件，为按钮添加基础样式。
- is-link：类似于 is-primary 修饰符类，is-link 将按钮文本颜色设置为蓝色。
- is-outlined："幽灵"按钮修饰符，去除按钮背景色，设置边框和文本颜色。

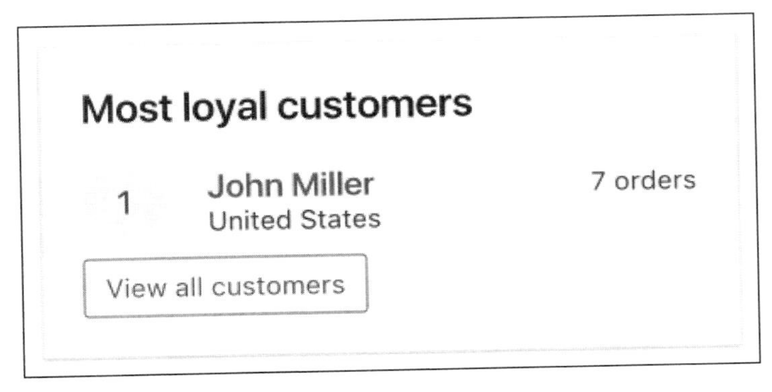

图 8-8

其中使用 Bulma 的 media 组件展示用户序号，如同订单列表中使用 media 组件一样。继续添加第 2 条和第 3 条数据到客户列表中，如图 8-9 所示。

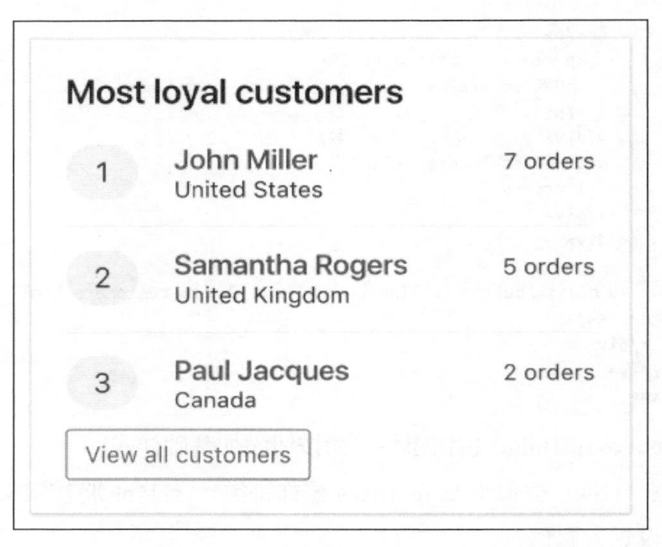

图 8-9

这样就完成了 Dashboard 页面。可以像订单列表和客户列表那样添加更多数据到 Dashboard 页面，如图 8-10 所示。

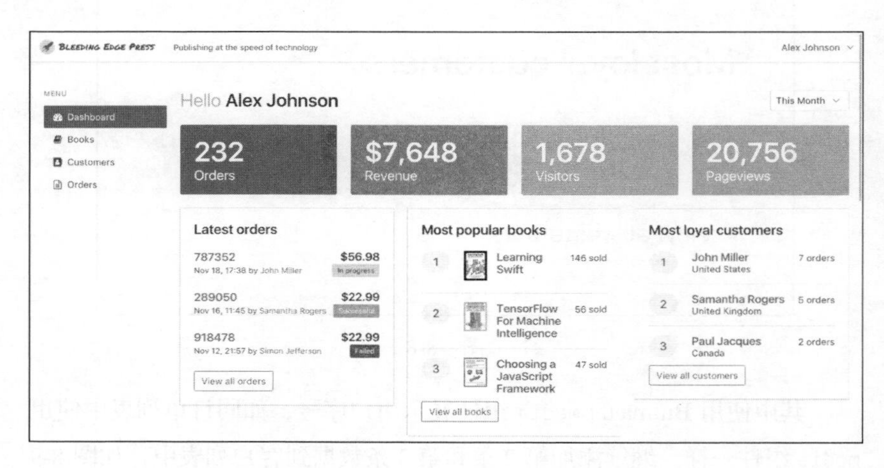

图 8-10

8.6 小结

如前所述，Bulma 组件有多种形式。

- 布局组件：`section`、`columns`、`level` 等。
- 元素组件：`box`、`button`、`input`、`notification` 等。
- 复合组件：`navbar`、`card`、`media`、`menu`、`pagination` 等。
- 修饰符类：`has-text-grey-light`、`is-hidden-tablet-only` 等。

大多数 Bulma 用户喜欢将这些功能以不同方式组合使用，以构建网站所需的 UI，重点是可以设置自己的主题色并更改 Bulma 的初始变量以实现定制。

第 9 章将重点介绍如何在原生 JavaScript 中使用 Bulma。

第 9 章

在原生 JavaScript 中应用 Bulma

Bulma 框架的实现没有用到 JavaScript。本章将介绍如何使用原生 JavaScript 控制之前开发的管理页面的不同组件，内容涵盖管理页面中以下组件的使用：

- 问题报告模态框；
- 移动端 toggle 菜单组件；
- 通知组件；
- 下拉菜单；
- 删除图书；
- 删除用户。

9.1 问题报告模态框

开发问题报告模态框会用到如下组件：

- 按钮；
- `modal` 组件；

❑ notification 元素。

在我们的示例中，需要一个带有 data-target 属性的按钮，属性值为对应模态框的 id。在 Bulma 中，可以使用 is-active 类来控制模态框的显示和隐藏。使用原生 JavaScript 通过 dom 元素的 classList 属性来添加或删除 is-active 类，从而实现对应模态框的显示或隐藏。

```
<!-- 触发按钮标记-->
<button class="button is-white open-modal-button" data-target="report-a-bug">
    <span class="icon">
        <i class="fa fa-bug"></i>
    </span>
    <span>
        Report a bug
    </span>
</button>
```

也可以添加一个 notification 元素类显示子元素的成功或错误状态。如下是可在模态框中使用的 notification 元素的代码片段。

```
<!-- 通知元素 -->
<div class="notification is-success is-hidden modal-success-notification">
    <span class="fa fa-bug"></span> Thank You. Your bug has been reported.
</div>
```

利用 delete 类给模态框添加一个关闭按钮。为了通过 JavaScript 控制模态框的关闭，需要给按钮添加 close-modal-button 类，JavaScript 将通过该类来关联按钮触发模块框关闭功能。关闭按钮的代码如下：

```
<button class="delete close-modal-button" aria-label="close"></button>
```

模态框 UI 代码实现如下：

```
<!-- modal 标记 -->
<div class="modal" id="report-a-bug">
    <div class="modal-background"></div>
    <div class="modal-card">
        <header class="modal-card-head">
            <p class="modal-card-title">Report a Bug</p>
```

```
            <!-- 关闭按钮 -->
            <button class="delete close-modal-button" aria-label="close"></
button>
        </header>
        <section class="modal-card-body">
        <!-- 通知元素 -->
            <div class="notification is-success is-hidden modal-success-
notification">
                <span class="fa fa-bug"></span> Thank You. Your bug has been
reported.
            </div>
            <textarea class="textarea" placeholder="Let us know what prob-
lems you faced.">
            </textarea>
        </section>
        <footer class="modal-card-foot">
            <button class="button is-success send-bug-report">Send</button>
            <button class="button close-modal-button">Cancel</button>
        </footer>
    </div>
</div>
```

下面这段 JavaScript 代码是问题报告模态框的逻辑脚本，适用于应用程序中的所有模态框。也可以根据需求决定是否添加通知组件并使用 JavaScript 来控制显示与否。

```
// 选择所有模态框、关闭按钮和触发按钮
var modals = document.querySelectorAll('.modal');
var modalButtons = document.querySelectorAll('.open-modal-button');
var modalClose = document.querySelectorAll('.close-modal-button');

// 成功的消息通知
var successMessages = document.querySelectorAll('.modal-success-
notification');

// 给触发按钮添加事件监听器
if (modalButtons.length > 0) {
    modalButtons.forEach(button => {
        button.addEventListener('click', function() {
            document.getElementById(this.dataset.target).classList.add('is-
active');
        });
    });
}
```

```
// 给所有关闭按钮添加事件监听器
if (modalClose.length > 0) {
    modalClose.forEach(closeButton => {
        closeButton.addEventListener('click', function() {
            modals.forEach(modal => {
                modal.classList.remove('is-active');
                // 关闭模态框，隐藏成功的通知
                successMessages.forEach(message => {
                    message.classList.add('is-hidden');
                });
            });
        });
    });
}

// 展示成功的通知
var sendBugReport = document.querySelector('.send-bug-report');
if (sendBugReport !== null) {
    sendBugReport.addEventListener('click', function() {
        successMessages.forEach(message => {
            message.classList.remove('is-hidden');
        });
    });
}
```

解释一下以上 JavaScript 代码，对于这个问题报告模态框，我们给触发模态框触发按钮（含有类名 open-modal-button）添加了一个事件监听器，然后通过 close-modal-button 按钮关闭模态框。

9.2 移动端 toggle 菜单

当视口宽度小于特定断点，Bulma 导航栏会用一个汉堡图标代替，需要使用 JavaScript 脚本来控制导航的显示和隐藏。给汉堡图标添加事件监听器，当点击展开的时候给汉堡元素和菜单项添加 is-active 类。

```
var burger = document.querySelector('.burger');
var menu = document.querySelector('.navbar-menu')
if (burger !== null) {
    burger.addEventListener('click', function() {
        burger.classList.toggle('is-active');
```

```
            menu.classList.toggle('is-active');

        });
}
```

9.3 通知

通知组件可用于对用户操作反馈信息，如下示例给问题报告模态框添加了一条通知消息：

```
<div class="notification is-success is-hidden modal-success-notification">
    <button class="delete close-notification"></button>
        <span class="fa fa-bug"></span> Thanks. Your bug has been reported.
</div>
```

当点击按钮的时候会显示通知，点击通知消息组件的关闭图标即可关闭通知消息。可以使用.close-notification 类给通知的关闭图标添加 JavaScript 事件监听器来实现关闭逻辑，实现脚本如下：

```
var closeNotification = document.querySelectorAll('.close-notification');
if (closeNotification.length > 0) {
    closeNotification.forEach(closeIcon => {
        closeIcon.addEventListener('click', () => {
            closeIcon.closest('.notification').remove();
        });
    });
}
```

9.4 下拉菜单

在 Bulma 中有两种下拉菜单：点击下拉和悬浮下拉。可以通过添加 is-hoverable 类实现鼠标指针悬浮下拉效果。

```
<div class="dropdown is-hoverable">
  <div class="dropdown-trigger">
    <button class="button" aria-haspopup="true" aria-controls="dropdown-
menu">
```

```
      <span>Hover me</span>
      <span class="icon is-small">
        <i class="fa fa-angle-down" aria-hidden="true"></i>
      </span>
    </button>
  </div>
  <div class="dropdown-menu" id="dropdown-menu" role="menu">
    <div class="dropdown-content">
      <div class="dropdown-item">
        <p>You can insert <strong>any type of content</strong> within the
dropdown menu.</p>
      </div>
    </div>
  </div>
</div>
```

也可以使用点击事件来替代悬浮显示下拉菜单的功能，为了实现点击下拉，可以给按钮添加一个点击事件并给菜单加上 is-active 类。使用点击方式控制下拉菜单的实现脚本如下：

```
var dropdowns = document.querySelectorAll('.dropdown:not(.is-hoverable)');
if (dropdowns.length > 0) {
    dropdowns.forEach(dropdown => {
        dropdown.addEventListener('click', event => {
            event.stopPropagation();
            dropdown.classList.toggle('is-active');
        });
    });

    document.addEventListener('click', event => {
        dropdowns.forEach(dropdown => {
            dropdown.classList.remove('is-active');
        });
    });
}
```

9.5 删除图书功能

在图书列表中添加删除图书功能的实现代码如下，给图书列表的每一本书添加一个删除按钮并监听点击删除事件，点击删除对应图书。

```
// 删除一项
var deleteItem = document.querySelectorAll('.delete-item');
if (deleteItem.length > 0) {
    deleteItem.forEach(button => {
        button.addEventListener('click', function() {
            button.closest('.column').remove();
        });
    })
}
```

9.6　删除客户功能

如下代码用于删除客户列表中的客户，在客户表格中添加删除按钮并监听点击删除事件，点击删除对应客户。

```
// 删除一位客户
var deleteUserButton = document.querySelectorAll('.delete-user');
if (deleteUserButton.length > 0) {
    deleteUserButton.forEach(button => {
        button.addEventListener('click', function() {
            button.closest('tr').remove();

        });
    });
}
```

9.7　小结

本章介绍了如何将 Bulma 管理页面模板的不同组件和原生 JavaScript 结合使用。

第 10 章将介绍如何在 Angular 中使用 Bulma。

第 10 章

在 Angular 中使用 Bulma

Angular 是一个前端框架，它使构建 Web 应用程序变得十分简单。Angular 集声明式模板、依赖注入、端到端工具于一身，并集成了可解决开发痛点的最佳实践指南，但它没有提供丰富的 UI 开发体验，而这正是 Bulma 要做的。

正如将 Bulma 与 JavaScript 集成的用例那样简单，下面把 Bulma 集成到 Angular 框架中。首先需要做如下准备：

- 命令行知识；
- Node.js；
- Angular 命令行工具。

之前没有安装上述工具也不用担心，它们易于安装和运行，从 Node.js 官网下载 Node.js 并按指引安装即可。安装好 Node.js 后，需要通过包管理工具 npm 安装 Angular 命令行工具。

```
# 安装 Angular 的命令
npm install -g @angular/cli
```

10.1 准备

下面一步一步创建一个新的 Bulma 和 Angular 项目，这涉及许多命令行操作，但不必担心，都附有相应的解释说明。

- 将命令行路径切换到项目存储路径并建立项目根目录：

```
mkdir my-repos
cd my-repos
```

- 创建一个新应用很简单，若想了解 Angular 命令行的更多功能，可访问 cli.angular.io。Angular 命令行工具会帮我们搭建项目的本地环境，并安装运行所需要的依赖包。

```
ng new sample-application --style scss --routing
cd sample-application
```

- 将 Bulma 添加到 Angular 应用中：

```
npm install bulma --save
npm install font-awesome --save
```

说明：示例项目使用了 Font Awesome，如有需要，可参考 Font Awesome 官网的教程文档。

- 将 Bulma 和 Font Awesome 添加到 Angular 命令行配置文件 .angular-cli.json 的样式配置项中。

```
../node_modules/bulma/bulma.sass
../node_modules/font-awesome/scss/font-awesome.scss
```

添加后的样式配置项如下所示：

```
"styles": [
  "../node_modules/bulma/bulma.sass",
  "../node_modules/font-awesome/scss/font-awesome.scss",
  "styles.scss"
],
```

- 完成上述步骤后，项目就可以运行了：

```
npm start
```

或者执行如下命令：

```
ng serve --open
```

上述命令行都可以在 package.json 文件中自定义配置。

10.2 应用

为一家图书出版公司创建书店应用程序。从面板页面开始，然后创建图书目录、客户页面、订单列表页。Bulma 提供了实现这些需求的所有功能，我们需要做的只是创建应用组件。

```
ng g component components/[component-name]
```

建议记住这个组件创建命令，因为之后的操作会频繁用到该命令。

10.3 组件

打开 app.component.html 文件并在其中编写 HTML 代码，这个组件将是整个应用的入口。

首先创建一个如图 10-1 所示的顶部导航菜单。

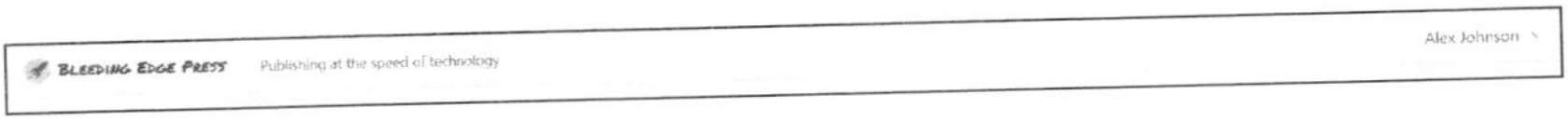

图 10-1

创建顶部导航菜单可能会用到 `navbar`、`navbar-brand`、`navbar-item`、`navbar-start` 和 `navbar-end`，使用 Bulma 的这些 CSS 类，结合如下所示

的 HTML 代码，就可以完成顶部导航菜单：

```
<nav class="navbar has-shadow">
    <div class="navbar-brand">
        <a class="navbar-item">
            <img src="assets/images/logo.png">
        </a>
        <div [ngClass]="{'is-active': active==true}" class="navbar-burger
burger" (click)="active=!active">
            <span></span>
            <span></span>
            <span></span>
        </div>
    </div>

    <div [ngClass]="{'is-active': active==true}" class="navbar-menu">
        <div class="navbar-start">
            <div class="navbar-item">
                <small>Publishing at the speed of technology</small>
            </div>
        </div>

        <div class="navbar-end">
            <div class="navbar-item has-dropdown is-hoverable">
                <div class="navbar-link">
                    Alex Johnson
                </div>
                <div class="navbar-dropdown">
                    <a class="navbar-item" (click)="action()">
                        <div>
                            <span class="icon is-small">
                  <i class="fa fa-user-circle-o"></i>
                </span> Profile
                        </div>
                    </a>
                    <a class="navbar-item" (click)="action()">
                        <div>
                            <span class="icon is-small">
                  <i class="fa fa-bug"></i>
                </span> Report bug
                        </div>
                    </a>
                    <a class="navbar-item" (click)="action()">
                        <div>
                            <span class="icon is-small">
```

```
                    <i class="fa fa-sign-out"></i>
                </span> Sign Out
                        </div>
                    </a>
                </div>
            </div>
        </div>
    </div>
</nav>
```

如上所示，创建侧边栏只需要 menu、menu-list 和 menu-label 这几个 CSS 类就能实现。

```
<section class="section ">
    <div class="columns ">
        <div class="column is-4-tablet is-3-desktop is-2-widescreen">
            <nav class="menu">
                <p class="menu-label">
                    Menu
                </p>
                <ul class="menu-list">
                    <li>
                        <a [routerLinkActive]="['is-active']" [router-
Link]="['/dashboard']">
                            <span class="icon">
                              <i class="fa fa-tachometer"></i>
                            </span> Dashboard
                        </a>
                    </li>
                    <li>
                        <a [routerLinkActive]="['is-active']" [router-
Link]="['/books']">
                            <span class="icon">
                              <i class="fa fa-book"></i>
                            </span> Books
                        </a>
                    </li>
                    <li>
                        <a [routerLinkActive]="['is-active']" [router-
Link]="['/customers']">
                            <span class="icon">
                              <i class="fa fa-address-book"></i>
                            </span> Customers
                        </a>
                    </li>
```

```
                    <li>
                        <a [routerLinkActive]="['is-active']" [router-
Link]="['/orders']">
                            <span class="icon">
                              <i class="fa fa-file-text-o"></i>
                            </span> Orders
                        </a>
                    </li>
                </ul>
            </nav>
        </div>
        <main class="column ">
            <router-outlet></router-outlet>
        </main>
    </div>
</section>
```

需要把页面主要内容区标签替换为<router-outlet></router-outlet>标签，如下所示：

```
<main class="column ">
    <router-outlet></router-outlet>
</main>
```

现在为项目添加一个子组件，可以通过命令行创建新组件，也可以手动添加子组件到项目中。Angular 命令行创建命令如下：

```
ng g component components/dashboard -m routing.module
```

执行上述命令后，找到 dashboard.component.html 文件并编写 HTML 代码即可。下面的内容基于上面创建的示例。需要注意的是，对于这部分代码，只需要在主内容代码区域替换路由标签即可。

完整示例见随书代码。

❑ 内容页眉（见图 10-2）

Hello **Alex Johnson**　　This Month

图　10-2

```
<div class="level">
    <div class="level-left">
        <h1 class="subtitle is-3">
            <span class="has-text-grey-light">Hello</span>
            <strong>Alex Johnson</strong>
        </h1>
    </div>
    <div class="level-right">
        <div class="select">
            <select [(ngModel)]="filter" (ngModelChange)="onChange($event)">
                <option>Today</option>
                <option>Yesterday</option>
                <option>This Week</option>
                <option>This Month</option>
                <option>This Year</option>
                <option>All time</option>
            </select>
        </div>
    </div>
</div>
```

❑ 摘要

```
<div class="column is-12-tablet is-6-desktop is-3-widescreen">
    <div class="notification is-link has-text">
        <p class="title is-1">{{statistics[0].orders}}</p>
        <p class="subtitle is-4">Orders</p>
    </div>
</div>

<div class="column is-12-tablet is-6-desktop is-3-widescreen">
    <div class="notification is-info has-text">
        <p class="title is-1">${{statistics[0].revenue}}</p>
        <p class="subtitle is-4">Revenue</p>
    </div>
</div>

<div class="column is-12-tablet is-6-desktop is-3-widescreen">
    <div class="notification is-primary has-text">
        <p class="title is-1">{{statistics[0].visitors}}</p>
        <p class="subtitle is-4">Visitors</p>
    </div>
</div>

<div class="column is-12-tablet is-6-desktop is-3-widescreen">
```

```
        <div class="notification is-success has-text">
            <p class="title is-1">{{statistics[0].pageviews}}</p>
            <p class="subtitle is-4">Pageviews</p>
        </div>
    </div>
```

❑ 内容卡片

```
    <div class="column is-12-tablet is-6-desktop is-4-fullhd">
        <div class="card">
            <div class="card-content">
                <h2 class="title is-4">
                    Latest orders
                </h2>

                <div class="level" *ngFor="let order of orders; let i = index">
                    <div class="level-left">
                        <div>
                            <p class="title is-5 is-marginless">
                                <a [routerLink]="['/orders-edit']"
    [queryParams]="{id: order.id }">{{ order.number }}</a>
                            </p>
                            <small>
                                {{ order.date }} by
                                {{ order.customer }}
                            </small>
                        </div>
                    </div>
                    <div class="level-right">
                        <div class="has-text-right">
                            <p class="title is-5 is-marginless">
                                ${{ order.total }}
                            </p>
                            <span *ngIf="order.status === 'In progress'"
    class="tag is-warning">{{ order.status }}</span>
                            <span *ngIf="order.status === 'Successful'"
    class="tag is-success">{{ order.status }}</span>
                            <span *ngIf="order.status === 'Failed'"
    class="tag is-failed">{{ order.status }}</span>
                        </div>
                    </div>
                </div>

                <a class="button is-link is-outlined" [routerLink]=
    "['/orders']">View all orders</a>
```

```
        </div>
    </div>
</div>

<div class="column is-12-tablet is-6-desktop is-4-fullhd">
    <div class="card">
        <div class="card-content">
            <h2 class="title is-4">
                Most popular books
            </h2>

            <div class="media" *ngFor="let book of books; let i = index">
                <div class="media-left is-marginless">
                    <p class="number">{{i + 1}}</p>
                </div>
                <div class="media-left">
                    <img src="assets/images/{{book.image}}" width="40">
                </div>
                <div class="media-content">
                    <p class="title is-5 is-spaced is-marginless">
                        <a [routerLink]="['/books-edit']"
[queryParams]="{id: book.id }">{{book.title}}</a>
                    </p>
                </div>
                <div class="media-right">
                    {{ filter }}
                </div>
            </div>

            <a class="button is-link is-outlined"
[routerLink]="['/books']">View all books</a>
        </div>
    </div>
</div>

<div class="column is-12-tablet is-6-desktop is-4-fullhd">
    <div class="card">
        <div class="card-content">
            <h2 class="title is-4">
                Most loyal customers
            </h2>

            <div class="media" *ngFor="let customer of customers; let i =
index">
                <div class="media-left is-marginless">
                    <p class="number">{{i + 1}}</p>
```

```
                    </div>
                    <div class="media-content">
                        <p class="title is-5 is-spaced is-marginless">
                            <a [routerLink]="['/customers-edit']"
[queryParams]="{id: customer.id }">{{ customer.name }}</a>
                        </p>
                        <p class="subtitle is-6">
                            <td>{{ customer.country }}</td>

                        </p>
                    </div>
                    <div class="media-right">
                        {{ customer.orders }} orders
                    </div>
                </div>

                <a class="button is-link is-outlined" [routerLink]="['/cus-
tomers']">View all customers</a>
            </div>
        </div>
    </div>
```

下面添加一个订单组件，同理，可以通过命令行创建组件。

```
ng g component components/orders -m routing.module
```

创建完成后，打开 orders.component.html 文件并添加相应的 HTML 代码，包含 3 部分。

(1) 页眉（见图 10-3）

图　10-3

```
<h1 class="title ">Orders</h1>

<nav class="level">
    <div class="level-left">
        <div class="level-item">
            <p class="subtitle is-5">
```

```
                <strong>2</strong> orders
            </p>
        </div>
        <div class="level-item is-hidden-tablet-only">
            <div class="field has-addons">
                <p class="control">
                    <input class="input" type="text" placeholder="Order
#â€¦" [(ngModel)]="userFilter.number">
                </p>
                <p class="control">
                    <button class="button" (click)="userFilter.number = ''">
                        Clear
                    </button>
                </p>
            </div>
        </div>
    </div>

    <div class="level-right">
        <p class="level-item" (click)="userFilter.status =
''"><a><strong>All</strong></a></p>
        <p class="level-item" (click)="userFilter.status = 'In pro-
gress'"><a>In progress</a></p>
        <p class="level-item" (click)="userFilter.status = 'Success-
ful'"><a>Successful</a></p>
        <p class="level-item" (click)="userFilter.status =
'Failed'"><a>Failed</a></p>
    </div>
</nav>
```

(2) 栅格

```
<table class="table is-hoverable is-fullwidth">
    <thead>
        <tr>
            <th>Order #</th>
            <th>Customer</th>
            <th>Date</th>
            <th>Books</th>
            <th>Status</th>
            <th class="has-text-right">Total</th>
        </tr>
    </thead>
    <tfoot>
        <tr>
```

```
                <th>Order #</th>
                <th>Customer</th>
                <th>Date</th>
                <th>Books</th>
                <th>Status</th>
                <th class="has-text-right">Total</th>
            </tr>
        </tfoot>
        <tbody>
            <tr *ngFor="let order of orders | filterBy: userFilter | orderBy:
order">
                <td>
                    <a [routerLink]="['/orders-edit']" [queryParams]="{id: or-
der.id }"><strong>{{ order.number }}</strong></a>
                </td>
                <td>
                    <a [routerLink]="['/customers']">{{ order.customer }}</a>
                </td>
                <td>{{ order.date }}</td>
                <td>{{ order.books }}</td>
                <td>
                    <span *ngIf="order.status === 'In progress'" class="tag
is-warning">{{ order.status }}</span>
                    <span *ngIf="order.status === 'Successful'" class="tag is-
success">{{ order.status }}</span>
                </td>
                <td class="has-text-right">${{ order.total }}</td>
            </tr>
        </tbody>
    </table>
```

(3) 分页

```
<nav class="pagination">
    <a class="pagination-previous">Previous</a>
    <a class="pagination-next">Next page</a>
    <ul class="pagination-list">
        <li>
            <a class="pagination-link">1</a>
        </li>
        <li>
            <span class="pagination-ellipsis">â€¦</span>
        </li>
        <li>
            <a class="pagination-link">1</a>
```

```
        </li>
    </ul>
</nav>
```

接下来添加客户组件。

```
ng g component components/customers -m routing.module
```

打开 customers.component.html 并添加自定义 HTML 代码，代码和上一个组件类似。

(1) 页眉（见图 10-4）

图 10-4

```
<h1 class="title ">Customers</h1>

<nav class="level">
    <div class="level-left">
        <div class="level-item">
            <p class="subtitle is-5">
                <strong>{{ (customers | filterBy: userFilter).length }}
</strong> customers
            </p>
        </div>

        <p class="level-item">
            <a class="button is-success" (click)="add()">New</a>
        </p>

        <div class="level-item is-hidden-tablet-only">
            <div class="field has-addons">
                <p class="control">
                    <input class="input" type="text" placeholder="Nameâ€¦"
 [(ngModel)]="userFilter.name">
                </p>
                <p class="control">
                    <button class="button" (click)="userFilter.name = ''">
                        Clear
                    </button>
```

```
                </p>
            </div>
        </div>
    </div>

    <div class="level-right">
        <p class="level-item" (click)="userFilter.hasOrders = ''">
            <a>
                <strong>All</strong>
            </a>
        </p>
        <p class="level-item" (click)="userFilter.hasOrders = true">
            <a>With orders</a>
        </p>
        <p class="level-item" (click)="userFilter.hasOrders = false">
            <a>Without orders</a>
        </p>
    </div>
</nav>
```

(2) 栅格

```
<table class="table is-hoverable is-fullwidth">
    <thead>
        <tr>
            <th class="is-narrow">
                <input type="checkbox">
            </th>
            <th>Name</th>
            <th>Email</th>
            <th>Country</th>
            <th>Orders</th>
            <th>Actions</th>
        </tr>
    </thead>
    <tfoot>
        <tr>
            <th class="is-narrow">
                <input type="checkbox">
            </th>
            <th>Name</th>
            <th>Email</th>
            <th>Country</th>
            <th>Orders</th>
            <th>Actions</th>
        </tr>
```

```
    </tfoot>
    <tbody>
        <tr *ngFor="let customer of customers | filterBy: userFilter |
orderBy: order">
            <td>
                <input type="checkbox">
            </td>
            <td>
                <a [routerLink]="['/customers-edit']" [queryParams]="{id:
customer.id }">
                    <strong>{{ customer.name }}</strong>
                </a>
            </td>
            <td>
                <code>{{ customer.email }}</code>
            </td>
            <td>{{ customer.country }}</td>
            <td>
                <a [routerLink]="['/orders']">{{ customer.orders }}</a>
            </td>
            <td>
                <div class="buttons">
                    <a class="button is-small" [routerLink]="['/customers-
edit']" [queryParams]="{id: customer.id }">Edit</a>
                    <a class="button is-small" (click)="delete()">Delete</a>
                </div>
            </td>
        </tr>
    </tbody>
</table>
```

(3) 分页

```
<nav class="pagination">
    <a class="pagination-previous">Previous</a>
    <a class="pagination-next">Next page</a>
    <ul class="pagination-list">
        <li>
            <a class="pagination-link">1</a>
        </li>
        <li>
            <span class="pagination-ellipsis">â€¦</span>
        </li>
        <li>
            <a class="pagination-link">1</a>
```

```
        </li>
    </ul>
</nav>
```

接下来创建图书组件。

```
ng g component components/books -m routing.module
```

打开 books.components.html 并编写 HTML 代码，如下代码片段只适用于图书页面。

(1) 页眉

```
<h1 class="title ">Books</h1>

<nav class="level">
    <div class="level-left">
        <div class="level-item">
            <p class="subtitle is-5">
                <strong>{{ (books | filterBy: userFilter).length }}</strong>
books
            </p>
        </div>

        <p class="level-item">
            <a class="button is-success" (click)="add()">New</a>
        </p>

        <div class="level-item is-hidden-tablet-only">
            <div class="field has-addons">
                <p class="control">
                    <input class="input" type="text" placeholder="Book ti-
tle..." [(ngModel)]="userFilter.title">
                </p>
                <p class="control">
                    <button class="button" (click)="userFilter.title = ''">
                        Clear
                    </button>
                </p>
            </div>
        </div>
    </div>

    <div class="level-right">
```

```
        <div class="level-item">
            Order by
        </div>
        <div class="level-item">
            <div class="select">
                <select [(ngModel)]="order">
                  <option value="title">Title</option>
                  <option value="price">Price</option>
                  <option value="pages">Page count</option>
                </select>
            </div>
        </div>
    </div>
</nav>
```

(2) Tile

```
<div class="columns is-multiline">
    <div class="column is-12-tablet is-6-desktop is-4-widescreen"
*ngFor="let book of books | filterBy: userFilter | orderBy: order">
        <article class="box">
            <div class="media">
                <aside class="media-left">
                    <img src="assets/images/{{book.image}}" width="80">
                </aside>
                <div class="media-content">
                    <p class="title is-5 is-spaced is-marginless">
                        <a [routerLink]="['/books-edit']" [queryPar-
ams]="{id: book.id }">{{book.title}}</a>
                    </p>
                    <p class="subtitle is-marginless">
                        ${{book.price}}
                    </p>
                    <div class="content is-small">
                        {{book.pages}} pages
                        <br> ISBN: {{book.ISBN}}
                        <br>
                        <a [routerLink]="['/books-edit']" [queryPar-
ams]="{id: book.id }">Edit</a>
                        <span>Â·</span>
                        <a>Delete</a>
                        <p></p>
                    </div>
                </div>
            </div>
```

```
        </article>
    </div>
</div>
```

(3) 分页

```
<nav class="pagination">
    <a class="pagination-previous">Previous</a>
    <a class="pagination-next">Next page</a>
    <ul class="pagination-list">
        <li>
            <a class="pagination-link">1</a>
        </li>
        <li>
            <span class="pagination-ellipsis">â€¦</span>
        </li>
        <li>
            <a class="pagination-link">1</a>
        </li>
    </ul>
</nav>
```

10.4 小结

现在应用就已经完成并能够运行了，可见在 Angular 中使用 Bulma 还是比较简单的。

第 11 章将介绍如何在 Vue.js 中使用 Bulma。

第 11 章

在 Vue.js 中使用 Bulma

本章将使用 Vue.js 来开发 Dashboard 页面，教程是关于如何在 Vue.js 中使用 Bulma 的，而不是如何使用 Vue.js。

如果想深入学习 Vue.js，可以访问其官网，那里提供了简洁易读的高质量文档。

11.1 安装 vue-cli

本章将会用到 Vue.js 的命令行工具 vue-cli，安装命令如下：

```
npm install -g vue-cli
vue init <template> <project-name>
cd <project-name>
npm install
npm run dev
```

本章将会使用 vue-cli 提供的 webpack-simple 模板来创建应用。使用 vue-cli 新建应用时记得选择 webpack-simple 选项。使用 vue-router 来实现应用的导航跳转功能。路由对每一个应用程序来说都是必不可少的，通过路由可以控制父子组件的显示渲染。

说明：`vue-cli` 提供了 6 种可用的应用模板，可以访问 Vue CLI 的 GitHub 存储库了解每种模板的功能。

在正式创建应用之前，需要安装如下依赖，以便把 Bulma 与 Vue 集成。

- Node。
- npm。
- Vue CLI。

11.2 创建 Vue 应用程序

首先使用 `vue-cli` 的 webpack-simple 模板创建一个应用，命名为 bulma-dashboard。

应用的目录结构如下所示：

- bulma-dashboard [项目名]
  - node_modules
  - src/
    - assets/
    - App.vue
    - main.js
  - index.html
  - package.json
  - README.md
  - webpack.config.js

11.2.1 创建页面

在正式使用 vue-router 之前，首先创建基本的页面骨架。在 src 目录下创建一个页面，然后创建 Dashboard.vue、Books.vue、Orders.vue 和 Login.vue 组件。使用的编辑器最好支持.vue 文件的快速创建，如果不支持，可以参考如下代码片段：

```
<template>

</template>

<script>
  export default {
    name: [ INSERT NAME OF COMPONENT ]
  }
</script>

<style>

</style>
```

说明：如果使用了 sass-loader 预处理器并采用 webpack 配置，需要在 style 标签上加上 lang=''sass''属性设置。

设置[INSERT NAME OF COMPONENT]名称，比如“Books”。

11.2.2 vue-router

下面将 vue-router 添加到项目中。引入 vue-router 有多种方式，如下方式可在引入的同时保持代码结构。

- 安装 vue-router：

```
npm install vue-router
```

- 在根目录中创建 router/目录。

- 在 router/目录中创建 index.js 文件。
- 向 index.js 文件中引入 `vue-router` 和用到的组件：

```
import VueRouter from 'vue-router'
```

- 把 `routes:{}`对象赋给新建的路由实例，`routes:{}`对象应该是一组包含组件名和组件的数组。
- 最后把路由 index.js 文件引入 main.js 文件中，并在新建的 Vue 实例中引用路由插件。

router/index.js 文件类似于如下代码：

```
import Vue from "vue";
import Router from "vue-router";
import Dashboard from "../pages/Dashboard.vue";
import /*...(剩余页) */

Vue.use(Router);

export default new Router({
  routes: [
    {
      path: "/",
      redirect: '/dashboard'
    },
    {
      path: "/dashboard",
      name: "Dashboard",
      component: Dashboard,
    },
    /*...(剩余页) */
  ],
  linkActiveClass: 'is-active' /* Bulma 的导航链接激活 */
});
```

main.js 文件类似于如下代码：

```
import Vue from "vue";
import App from "./App.vue";
import router from "./router";
```

```
/* 其他事项 */

new Vue({
  el: "#app",
  router,
  render: h => h(App),
});
```

这就是路由的简单用法，更多用法可参考 Vue Router 官方文档。

执行如下命令运行应用程序：

```
npm run dev
```

11.3 安装 Bulma

可以通过 CDN（使用<link>标签）或 npm 包把 Bulma 的最新版本安装到 Vue 项目中。

11.3.1 方法一：CDN 引入

如果不需要定制 Bulma，可以通过 <link> 标签引入 Bulma，打开 index.html 文件并在其<head>标签中添加 Bulma CDN 引入标签。

```
<link href="https://cdnjs.cloudflare.com/ajax/libs/bulma/0.6.2/css/
bulma.min.css" rel="stylesheet">
```

11.3.2 方法二：npm 包引入（推荐）

开发单页应用程序时，推荐使用 npm 引入第三方库。使用 vue-cli 创建应用程序的同时会安装并配置好 webpack。使用 npm 添加 Bulma 会引入 CSS 框架并把它打包到 build.js 中。

1. 使用 npm 安装 Bluma

```
npm install bulma --save
```

在 main.js 中引入 Bulma：

```
import './../node_modules/bulma/css/bulma.css';
```

使用 npm 将 Bulma 引入项目中非常简便。如果想定制 Bulma，需要在 src/assets/下创建 styles.css 样式文件，引入 Bulma 的初始变量和函数，然后编写定制功能，最后引入 main.js 即可。

```
@import '../../node_modules/bulma/sass/utilities/initial-variables';
@import '../../node_modules/bulma/sass/utilities/functions';

$primary: #ffb3b3; /* 主色调改为粉色 */

@import '../../node_modules/bulma/bulma';
```

然后把 main.js 中的引入改为自定义样式文件。

```
import router from "./router";

import './assets/custom.scss';
```

2. 给 Bluma 创建别名

使用 npm 安装 Bulma 后，可以通过 ES6 语法的引入语句引入 Bulma，但是需要使用相对路径，可以在 webpack 中给 Bulma 设置一个别名以方便引入。

打开 build/webpack.dev.conf.js 文件并添加如下代码：

```
resolve: {
    extensions: ['.css'],
    alias: {
      'bulma': resolve('node_modules/bulma/css/bulma.css'),
    }
}
```

创建好别名后，就可以通过如下方式引入 Bulma 了：

```
import 'bulma';
```

说明： npm 生态系统中有几个 Vue+Bulma 的包可以直接下载使用，不过它们各有长短。

11.3.3　使用 Font-Awesome 字体

可以通过 CDN 引入 Font-Awesome 字体。

打开 index.html 文件并添加如下代码：

```
<link rel="stylesheet" href="https://cdnjs.cloudflare.com/ajax/libs/font-awesome/4.7.0/css/font-awesome.min.css">
```

项目最终的目录结构如下所示：

- bulma-dashboard [项目名]
  - node_modules
  - src/
    - assets/
      - images/
      - styles.css
      - logo.png
    - pages
      - Books.vue
      - Customers.vue
      - Dashboard.vue
      - Login.vue
      - Orders.vue

      - router
        - index.js
      - App.vue
      - main.js
  - index.html
  - package.json
  - README.md
  - webpack.config.js

接下来将之前编写的页面 HTML 代码应用于新建的 Vue 项目中。

11.4　Vue 组件

说明：取决于对 Vue 的掌握程度以及前面编写的示例，可选择跳到下一部分。本章解释如何实现 Bulma 的更多功能。下面展示的代码片段可能不完整，完整示例见随书代码。

前面介绍了 Vue Router 以及通过 npm 安装 Bulma，接下来把前面编写的代码移植到.vue 文件中。首先编写 App.vue，然后在 pages 文件夹中创建组件，最后编写一些更复杂的交互组件。

11.5　管理页面骨架

首先将/html/dashboard.html/的部分代码移植到 App.vue 中。需要说明的是，App.vue 文件中不会有页面的内容代码，我们会将每个页面的内容代码拆分到单独的组件文件中。

```
<div id="app">
  <nav class="navbar has-shadow">
    <div class="navbar-brand">
      <a class="navbar-item" href="#">
        <img src="logo.png" alt="Bleeding Edge Press">
      </a>
      <div class="navbar-burger burger">
        <span></span>
        <span></span>
        <span></span>
      </div>
    </div>

    <div class="navbar-menu">
      <div class="navbar-start">
        <div class="navbar-item">
          <small>Publishing at the speed of technology</small>
        </div>
      </div>
    <div class="navbar-end">
      <div class="navbar-item has-dropdown is-hoverable">
        <div class="navbar-link">
          John Doe
        </div>
        <div class="navbar-dropdown">
          <a class="navbar-item">
              <span class="icon is-small">
                <i class="fa fa-user-circle-o"></i>
              </span> Profile
          </a>
          <a class="navbar-item">
              <span class="icon is-small">
                <i class="fa fa-bug"></i>
              </span> Report bug
          </a>
          <a class="navbar-item">
              <span class="icon is-small">
                <i class="fa fa-sign-out"></i>
              </span> Sign Out
          </a>
        </div>
      </div>
    </div>
  </div>
 </nav>

 <section class="section">
    <div class="columns">
```

```
        <div class="column is-4-tablet is-3-desktop is-2-widescreen">
          <aside class="menu">
            <p class="menu-label">Menu</p>
            <ul class="menu-list">
              <li>
                <router-link to="/dashboard">
                  <span class="icon ">
                    <i class="fa fa-tachometer"></i>
                  </span>Dashboard</router-link>
              </li>
              <li>
                <router-link to="/books">
                  <span class="icon">
                    <i class="fa fa-book"></i>
                  </span> Books
                </router-link>
              </li>
              <li>
                <router-link to="/customers">
                  <span class="icon">
                    <i class="fa fa-address-book"></i>
                  </span> Customers
                </router-link>
              </li>
              <li>
                <router-link to="/orders">
                  <span class="icon">
                    <i class="fa fa-file-text-o"></i>
                  </span>
                  Orders
                </router-link>
              </li>
            </ul>
          </aside>
        </div>
        <main class="column">
                  <router-view></router-view>
              </main>
      </div>
    </section>
  </div>
```

下面看看以上代码片段和之前编写的 HTML 版本有何区别。可以看到，这里使用了`<router-link>`和`<router-view>`两组标签，这是 vue-router 要用到的，指定不同的路由地址会渲染不同的组件内容，从而实现一个单页应用程序。

`<router-link></router-link>`标签最终会渲染为`<a href="#"></a>`标签，其中的 `to` 属性值则是之前在 router/index.js 中定义的路径变量。

```
routes: [
  {
    path: "/dashboard",
    name: "Dashboard",
    component: Dashboard,
  }...
```

`<router-view></router-view>`标签实际渲染的时候会替换为当前路由所对应的要渲染的组件视图，所以当用户登录后，`<router-view></router-view>`标签就会被 `Dashboard.vue` 组件内容所替代。

11.6 实现 Dashboard

项目结构中应该有一个 pages/目录，其下有一个空的 dashboard.vue 文件，最终会把之前编写的 Dashboard 的 HTML 代码移植过来。

首先编写 Dashboard 的顶部区域，包括用户登录信息展示以及下拉菜单。

```
<div class="level">
    <div class="level-left">
        <h1 class="subtitle is-3">
            <span class="has-text-grey-light">Hello</span>
            <strong>Alex Johnson</strong>
        </h1>
    </div>
    <div class="level-right">
        <div class="select">
            <select @change="changeStats">
                <option value="today" selected>Today</option>
                <option value="yesterday">Yesterday</option>
                <option value="week">This Week</option>
                <option value="month">This Month</option>
```

```
                <option value="year">This Year</option>
                <option value="alltime">All time</option>
            </select>
        </div>
    </div>
</div>
```

除了在<select>标签中添加了@change="changeStats"属性外，和之前的 HTML 版本没有任何区别。添加的代码是 Vue 用于监听选择框变动的，如果选择框发生变动，changeSTats()方法就会执行并获取最新状态用于展示。

下面实现统计部分和数据对象，以便更改统计数据。

```
<div class="columns is-multiline">
  <div class="column is-12-tablet is-6-desktop is-3-widescreen">
    <div class="notification is-link has-text">
      <p class="title is-1">{{ selectedStats.orders }}</p>
      <p class="subtitle is-4">Orders</p>
    </div>
  </div>

  <div class="column is-12-tablet is-6-desktop is-3-widescreen">
    <div class="notification is-info has-text">
      <p class="title is-1">${{ selectedStats.revenue }}</p>
      <p class="subtitle is-4">Revenue</p>
    </div>
  </div>

  <div class="column is-12-tablet is-6-desktop is-3-widescreen">
    <div class="notification is-primary has-text">
      <p class="title is-1">{{ selectedStats.visitors }}</p>
      <p class="subtitle is-4">Visitors</p>
    </div>
  </div>

  <div class="column is-12-tablet is-6-desktop is-3-widescreen">
    <div class="notification is-success has-text">
      <p class="title is-1">{{ selectedStats.pageviews }}</p>
      <p class="subtitle is-4">Pageviews</p>
    </div>
  </div>
</div>
```

这里用到了 Vue 的模板语法{{ selectedStats.revenue }}，也称“字符串内插”。双括号内的文本是数据对象的变量。将下面的数据对象添加到 data() {}方法中。

```
export default {
  name: 'Dashboard',
  data() {
    return {
      stats: {
        today: {
          orders: "232",
          revenue: "7,648",
          visitors: "1,678",
          pageviews: "20,756"
        },
        yesterday: {
          orders: "200",
          revenue: "5,465",
          visitors: "1,400",
          pageviews: "18,556"
        },
        week: {...},
        month: {...},
        allTime: {...}
      }
    }
  }
}
```

现在有了用于统计的数据和代码，下面实现 changeStats()方法来处理变化，在 data()方法下添加如下代码，在页面加载完后更新统计数据。

```
mounted: function(){
  this.selectedStats = this.stats.today;
},
methods: {
  changeStats(event) {
    this.selectedStats = this.stats[event.target.value];
  }
}
```

最后看看最新订单，包含最新订单列表，每条订单包含订单 id、日期、客户、价格和订单状态。订单状态采用 Bulma 的`.tag` 类和修饰符类来突显状态。

说明：Bulma 的修饰符类以`is-`或者`has-`开头。

最新订单的实现代码如下：

```
<div class="column is-12-tablet is-6-desktop is-4-fullhd">
  <div class="card">
    <div class="card-content">
      <h2 class="title is-4">Latest orders</h2>

      <template v-for="(order, key) in orders">
        <div class="level" :key="order.id">
          <div class="level-left">
            <div>
              <p class="title is-5 is-marginless">
                <router-link to="/edit-order">{{ order.id }}</router-link>
              </p>
              <small>{{ order.date }} by <router-link to="/edit-
customer">{{ order.purchasedBy }}</router-link></small>
            </div>
          </div>
          <div class="level-right">
            <div class="has-text-right">
              <p class="title is-5 is-marginless">${{ order.price }}</p>
              <span class="tag" :class="order.status.class">{{ order.sta-
tus.label }}</span>
            </div>
          </div>
        </div>
      </template>
      <router-link class="button is-link is-outlined" to="/orders">View all
orders</router-link>
    </div>
  </div>
</div>
```

Vue 遍历了订单列表数组并展示每一条订单数据，需要注意的是，`:class` 属性是 Vue 的特殊属性，可用于绑定数据从而控制元素的类。在以上代码中，用它绑定了订单状态元素的类。这是什么意思呢？看一个简单的订单数据示例。

说明：:是 v-bind:的缩写，所以:class=和 v-bind:class=是等同的。

```
orders: [
  {
    id: 787352,
    date: "Nov 18, 17:38",
    purchasedBy: "John Miller",
    price: "56.98",
    status: {
      label: "In Progress",
      class: "is-warning"
    }
  },
  {
    id:
    ...
    status: {
      label: "Successful",
      class: "is-success"
    }
  },
  {...}
]
```

可以看到第 1 条订单具有一个表示状态的类 is-warning，第 2 条订单的类是 is-success，所以这里统一使用<span>标签来显示状态并添加.tag 类。每条订单的状态不同，Vue 使用:class=语法来给每条订单绑定对应的状态值。

说明：更多相关信息，可参考 Vue 循环列表。

11.7 登录页面

下面将之前编写的 login.html 的代码转换成一个 Vue 组件或者说页面。对于 Vue 来说，页面其实是组件的一种形式。

打开 login.html 文件，复制<body><body>标签间的内容到 login.vue 的<template><template>标签间。如果现在将 Vue 应用的路由导航到登录页面，可以看到和之前的 login.html 相同的视觉效果，下面实现更多交互效果。

现在顶部导航栏和侧边栏是可见的，这是不应该的，这里是出于教学目的而把 App.vue 用作页面的基本骨架。这个问题易于修复，但是在实际项目中不应这么用。可以使用一个<template>标签把<nav>和<section>包起来，然后检查是否处于登录页面从而决定是否显示。可以通过 this.$router.name 变量来判断当前所处页面。

```
<template v-if="$route.name !== 'Login'">
  <nav>
    <!--导航代码-->
  </nav>
  <section>
    <!--主内容-->
  </section>
</template>
<div v-else><router-view/></div>
```

说明： 出于测试目的，<nav>和<section>并没有实际内容。

如果要测试登录页面，最好包含完整的代码。

下面正式创建登录页面，首先创建登录页面的数据对象，如下所示，它包含登录页面的表单数据和错误数据以便展示错误。

```
data() {
  return {
    form: {
      email: "",
      password: ""
    },
    error: {
      email: false,
      password: false
```

```
      }
    }
  },
```

接下来将这些数据和<template>中的元素绑定。对于 input 标签，可以使用 v-model =指令将 input 值和数据对象绑定，所以这里加上代码 v-model="form.email"和 v-model="form.password"。对于错误，提示错误信息并将 input 标签的边框变为红色，可以使用 Bulma 的修饰符类 is-danger 来处理，也可以添加一个辅助元素结合.help 类给出帮助，或以红色文本展示错误信息。

在<div class="control">之后添加错误信息提示内容，如下所示：

```
<p class="help is-danger" v-if="error.email">Oops! Can't find user.</p>
```

然后给密码输入框也加一个。使用 Vue 的:class=来绑定数据控制类 is-danger 的变更，形式为:class="{'some-class': someVariable}"。对两个输入框分别添加代码:class="{'is-danger': error.email}"和:class="{'is-danger': error.password}"。

剩下的问题就是提交并校验数据了。简单起见，这里不会使用实际的服务器，如果想用当然也可以。给提交按钮添加事件处理器@click.prevent="tryLogin"并在<script>中添加新的 methods 对象和 tryLogin()方法：

```
methods: {
  tryLogin(){

  }
}
```

tryLogin()函数功能如下：

(1) 校验密码和邮箱的合法性；

(2) 如有错误，提示错误信息；

(3) 重置错误；

(4) 登录成功后跳转到 Dashboard 页面。

没有什么复杂之处，Bulma 的一些类在其中发挥作用。实现代码如下：

```
tryLogin() {
  this.resetErrors();

  if(this.form.email !== 'user@bulma.com'){ return this.error.email = true; }
  if(this.form.password !== 'password'){ return this.error.password = true; }

  this.resetErrors();
  this.$router.push('dashboard');
},
resetErrors(){
  this.error.email = false;
  this.error.password = false;
}
```

说明： 将在 if 检查之前和之后重置错误，因为不希望在验证过字段后出现任何错误消息提示。

这部分讲解基本涵盖了登录组件，展示了如何在表单上显示错误消息，以及如何在元素上更改类以突显输入字段中的错误。

11.8 创建问题报告组件

本章将重新构建问题报告模态框的功能。可以从顶栏右上角的用户菜单访问该模态框。该模态框将包含一个简单的文本输入框，如果虚拟请求成功完成，将显示一条成功通知。

将要实现如下内容：

- 创建 BugReport 组件；

- ❑ 将组件导入 App.vue 文件；
- ❑ 添加模态框的 HTML；
- ❑ 添加 Vue 特性。

11.8.1 创建组件

首先创建新的组件。在 components 文件夹中创建 BugReport.vue 文件，从以下代码片段开始：

```
<template>

</template>

<script>
  export default {
    name: "BugReport"
  }
</script>

<style>

</style>
```

可以直接从Bulma文档中复制模态框的代码，并将其插入<template></template>标签之间。在.modal-card-title 标签中，添加一个美观的标题。.modal-card-body 中放置了 input 组件和通知提醒组件。

```
<div class="notification is-success" :class="{'is-hidden': hideNotifica-
tion}">
  <p>
    <span class="icon"><i class="fa fa-bug"></i></span>
    Thanks. Your bug has been reported.
  </p>
  <p>We will do our best to fix it as soon as possible</p>
</div>

<p class="help" :class="{'is-hidden': hideNotification}">The following
message was sent</p>
<textarea class="textarea" placeholder="Let us know what problems you
faced." :disabled="!hideNotification" v-model="reportMessage"></textarea>
```

解释一下其中要点。通知提醒使用了 Vue 的类属性绑定语法:class="",前面讨论过这一点。如果变量 hideNotification 为 true，则设置通知包装器中的类.is-hidden，以及<text-area>上方的帮助文本。同理，textarea 也使用该变量，但其作用相反。因此，当 hideNotification 为 false 时，即假设发送了错误报告，并且显示成功通知，这种情况下将显示帮助文本，并禁用 textarea，因此用户将无法键入任何新文本。

最后一点，textarea 有一个 v-model 用于绑定数据，因此可以从数据对象中获取文本，并将其传到任何需要的地方。

下面创建问题报告组件所需的数据对象。

```
export default {
  name: "BugReport",
  data() {
    return {
      reportMessage: "",
      hideNotification: true,
    }
  }
}
```

由于该组件将被其他组件引用，因此“父”组件将负责打开模态框。如前所述，Bulma 模态框是通过切换.is-active 修饰符类来显示的，因此可以通过从父组件向子组件传递属性来实现此目的，如果该属性为 true，就切换 is-active 类。首先修改<script>以注册传入的 props。

```
export default {
  name: "BugReport",
  props: {
    showModal: {
      type: Boolean,
      default: false
    }
  },
  data() {
    return {
```

```
      reportMessage: "",
      hideNotification: true,
    }
  },
}
```

然后使用与前面相同的类属性绑定来切换 .modal 包装器上的.is-active 类。

```
<div class="modal" :class="{'is-active': showModal}">
  <!-- 模态框代码 -->
</div>
```

现在可以打开并显示模态框了，当然，还需要确保可以将其关闭或取消。

关闭模态有 3 种方法：

- 点击模态框外的区域（暗背景）；
- 点击关闭图标；
- 提交或取消问题报告。

为了避免重复编码，需要创建一个 closeModal 方法，该方法将负责关闭模态框。现在，无论选择哪种关闭方式，调用 closeModal()方法都能轻松完成。

需要让父组件知道模态框要被关闭，因此需要把 showModal 的属性从 true 改为 false。从子级到父级的通信是通过 Vue 中的事件完成的，由此得出以下 closeModal()方法，只需$emit 一个由父组件处理的 close 事件即可。

```
closeModal() {
  this.$emit('close');
}
```

关闭模态框的第一种方法是以相同的方式实现的，只需在.modal-background 元素和.delete 按钮上添加一个@click="closeModal"处理函数即可。

> **说明**：at 符号@是 v-on:的简写，所以上面的点击事件可以写成 v-on:click="closeModal"。

对于“取消”和“提交”按钮，需要创建用于发送错误报告和重置文本域的新函数。可以从 resetModal()方法开始，因为 sendReport()方法也将使用它。

```
resetModal() {
  this.reportMessage = "";
  this.closeModal();
},
```

首先将 reportMessage 变量设置为空字符串，然后调用前面的 closeModal()方法。至于第二种方法，按如下方式发送错误报告。

```
sendReport() {
  /* 发送某个 ajax 请求并保存数据。 */
  this.hideNotification = false

  setTimeout(() => {
    this.hideNotification = true;
    this.resetModal();
  }, 4000);
},
```

以上代码将 hideNotification 状态变为 false，这样通知提醒就会显现。为了使其更具交互性，将其放入 setTimeout()并设置延迟为 4 秒，再次隐藏通知，并调用 resetModal()方法。

最后给按钮添加点击事件。

```
<button class="button is-text" @click="resetModal">Cancel</button>
<button class="button is-success" @click="sendReport">Send</button>
```

这样就完成模态框了！

11.8.2　将模态框添加到 App 模板

模态框已经完成，可以通过顶栏的用户菜单中使其生效。切换到 App.vue 文件，导入新组件并将其添加到 components 对象中。

```
import BugReport from './components/BugReport.vue';

export default {
  name: 'app',
  components: { BugReport },
  data: function() {
    return {
      openBugReport: false
    }
  }
}
```

然后将组件添加到 HTML 模板的底部，最后一个</div>之上。

```
<report-bug :showModal="openBugReport" v-on:close="openBugReport = false"></
report-bug>
```

以上代码是将 openBugReport 的值传递给:showModal 属性。应该在 BugReport 组件中检查该属性。代码还应该监听之前从 closeModal()方法抛出的 close 事件。发生这种情况时，应用程序把 openBugReport 设置为 false，关闭模态框。

最后，给“Report Bug”链接添加一个点击事件处理器。在 usermenu 中更改下面这段代码。

```
<a class="navbar-item">
  <span class="icon is-small">
    <i class="fa fa-bug"></i>
  </span> Report bug
</a>
```

修改后的代码如下所示：

```
<a class="navbar-item" @click="openBugReport = true">
  <span class="icon is-small">
    <i class="fa fa-bug"></i>
  </span> Report bug
</a>
```

可以将 collect.js 包添加到项目中，以便轻松使用数组和对象。

11.9 图书页面

关于 Home.vue 页面，有一些准备工作要做，是针对 Books.vue 和剩余列表页面的。希望你已经成功地为本页面的图书创建了“数据对象”，以下是一个小的代码示例。完整代码见本书的 GitHub 存储库。

```
data() {
  return {
    books: [
      {
        name: "TensorFlow For Machine Intelligence",
        price: "$22.99",
        pageCount: 270,
        ISBN: "9781939902351",
        coverImage: "../assets/images/tensorflow.jpg",
        publishDate: 2017,
      },
      {
        name: "Docker in Production",
        price: "$22.99",
        pageCount: 156,
        ISBN: "9781939902184",
        coverImage: "../assets/images/docker.jpg",
        publishDate: 2015,
      },
    ],
    allBooks: []
  }
}
```

图书页面有一些简单的功能，用于过滤和排序页面上的图书。简单起见，数据对象中有两个图书数组：books 和 allBooks，后者是页面加载时开始使用的原始图书数组。

接下来把 collect.js 包添加到项目中，以便轻松使用数组和对象。如果使用过 Laravel PHP 框架，会对这个包非常熟悉。它几乎和 Laravel 集合一模一样，只是换成了 JavaScript 版本。

11.9.1 图书排序

对图书进行排序非常容易，首先导入 collect.js 包，放置在<script>块顶部。

```
import Collect from "collect.js";
```

当下拉菜单中发生更改时，需要设法保持标签页。使用 Vue 框架时，在 HTML 中添加事件监听器很容易，可以使用 `v-on:event=""`属性，也可以使用缩写：`@event=""`。

因此，将 select 元素改为如下代码片段：

```
<select @change="sortBooks">
  <option value="publishDate">Publish date</option>
  <option value="price">Price</option>
  <option value="pageCount">Page count</option>
</select>
```

注意，以上代码还为所有选项添加了显式的值属性。

下一步是创建 sortBooks 方法并对图书进行排序。在方法内部使用 collect.js 和 sortBy(key)方法，它们会按照给定的键对集合进行排序。

首先，将选定的 options 值保存到一个新变量中：`let selectValue = String(event.target.value);`。

然后，将 books 数组转换为一个集合，这样 collect.js 包就可以对对象发挥作用了，然后用已排序的图书创建一个新集合，最后将其设置为图书数组。完整的 sortBooks 方法如下：

```
sortBooks(event) {
  let selectValue = String(event.target.value);
  let collection = Collect(this.books);
  let sortedBooks = collection.sortBy(selectValue);

  this.books = Object.assign([], sortedBooks.all());
},
```

11.9.2 过滤图书

前面实现了排序，下面看看实现筛选/搜索功能是否同样简单。

这甚至比前面的排序还要简单。首先给 Search 按钮和 <input> 字段添加事件处理器，它将在按键释放（keyup）时触发，使其行为更即时。<input>字段还需要一个 v-model 属性来绑定数据。

```
<p class="control">
  <input class="input" type="text" placeholder="Book name, ISBN..."
    v-model="searchWord" v-on:keyup="searchBooks">
</p>
<p class="control">
  <button class="button" @click="searchBooks">Search</button>
</p>
```

点击搜索按钮和释放按键将触发相同的方法，即进行筛选。这里要记住一点，该方法将改变 searchWord 和 bookname 的大小写，这样 filtersearch 将不怎么区分大小写。除此之外，它还将通过 JavaScript 原生方法 filter()处理 books 数组并返回图书，其中书名将包括 searchWord 方法。

```
searchBooks() {
  if (!this.searchWord) {
    this.books = Object.assign([], this.allBooks);
  } else {
```

```
      this.books = this.books.filter((book) => {
        return book.name.toLowerCase().includes(this.searchWord.toLowerCase());
      });
    }
  }
```

此外，别忘了将 searchWord 添加到数据对象。

```
data() {
...
    coverImage: "../assets/images/gulp.jpg",
      publishDate: 2014,
    },
  ],
  searchWord: "",
...
}
```

11.9.3 创建和编辑图书

图书页面的最后一部分，是创建新书并编辑列表中的图书。同样，设计重点是 Bulma 而不是 Vue.js，下面简单解释如何实现。在页面上实现一个模态框，该模态框将打开一个表单，以便用户可以添加一本新书。该模式也可用于编辑一本书，对此不再赘述。如果想添加这个功能也不妨一试。这里有一个空的方法和一些说明帮助你起步。

1. 添加新书

首先，应该从 Bulma 复制 ModalCard 代码，并添加到<template>部分最后一个闭合</div>之前。在<div class="modal-card-body">中，从 new-book.html 页面粘贴<form></form>。这样就准备好了基本的 HTML。

首先要确保可以打开模态框。要使 Bulma 模态框可见，需要使用 is-acitve 修饰符类，而不是一直显示。使用 Vue 显示或隐藏该模态框主要有两种方法。第一种方法是在默认情况下在模态框中包含 is-active

类，并通过切换元素 v-show=""或 v-if=""属性来显示或隐藏它。

对于这里，v-if 方法可能更好，因为设置为 false 时它将从 DOM 中移除标签。下面用另一种方法来切换 is-active 类。在模态框包装器上，将代码改为以下内容：

```
<div class="modal" :class="{'is-active': showNewModal}">
```

以上代码使用了 Vue 的 v-bind:指令并将其关联到类属性中。当 showNewModal 为 true 时，is-active 类被添加到模态框 div 中。接下来在数据对象中设置 showNewModal 变量，默认值为 false：showNewModal: false，然后在新书按钮上添加一个点击事件。现在应该可以通过点击“New Book”按钮打开模态框了。

```
<a class="button is-success" @click="showNewModal = true">New</a>
```

这里存在一个小问题——无法关闭模态框，下面着手解决。在模态的打开标签后面的行（模态组件的黑色背景）上，应该有一个类为.modal-background 的 div，可以在此添加第二个点击事件以关闭模态框。

做法如下：

```
<div class="modal-background" @click="showNewModal = false"></div>
```

目前的问题是，它不能清空字段。应该使用一个 resetNewBookForm() 方法来替代。下面即将创建该方法，先将代码改为：

```
<div class="modal-background" @click="resetNewBookForm"></div>
```

在 methods:对象中创建该方法，用于关闭模态框：

```
resetNewBookForm() {
  this.showNewModal = false;
}
```

准备就绪后，重点关注输入和保存新书。再次使用 v-model 获取与数据绑定的值。创建一个新的空数据对象变量 book: {}。

在表单的每个<input>元素上，添加一个 v-model="[input-variable]"，其中[input-variable]对应图书对象的 title、price、pageCount 或 ISBN。对于 publishDate 和 coverImages，应该在 saveBook()方法上硬编码它们，本书不讨论上传。

每个输入框都应该类似于：

```
<input class="input" type="number" placeholder="e.g. 22.99" value=""
required v-model="book.price">
```

在表单底部，移除保存按钮和清空按钮，代之以模态框上的按钮。

模态框页脚的完整代码如下：

```
<footer class="modal-card-foot">
  <button class="button is-success" type="button"
    @click="saveBook">Save Book</button>
  <button class="button" type="cancel">Cancel</button>
</footer>
```

接着如上所述设置静态变量，然后使用数组 push()方法将新书对象添加到图书数组中。重复使用，因为我们想同时把它添加到“原始”图书数组 allBooks 和当前正在查看的图书数组 books 中。

```
saveBook() {
  this.book.publishDate = "2017";
  this.book.coverImage = "../assets/images/newbook.jpg";

  this.allBooks.push(this.book);
  this.books.push(this.book);

  this.resetNewBookForm();
},
```

现在如果尝试添加一本新书，它就会在页面上显示。

2. 移除图书

要移除图书，只需将其从图书对象数组中移除即可。

首先给`.delete`链接添加点击事件。需要传递图书数组索引值：`<a @click="removeBook(index)">Delete</a>`，然后创建`removeBook()`方法，在其内部，只需通过索引剪接 books 数组即可。

```
removeBook(index) {
  this.books.splice(index, 1)
},
```

说明：在一个成熟的应用中，应该将模态框提取到组件中，以便在整个应用中复用，例如可以使用 Vue 的`<slot>`在模态框中切换内容。

11.10　小结

本章介绍了 Bulma 与 Vue.js 的集成。如前所述，随书代码中有一些代码片段，可以由此开始实现图书编辑表单，也可以创建一个新的图书编辑页面，或者使用这里添加新书时所使用的模态框。

第 12 章将介绍如何在 React 中使用 Bulma。

第 12 章

在 React 中使用 Bulma

本章将把 Bulma 与 React 集成在一起。React 是一个流行的 JavaScript 框架，由 Facebook 为创建用户界面而设计。

阅读本章的前提和条件：对 JavaScript（ES6）、React（或 React Native）、create-react-app（React CLI）、React Router，以及 npm（本章会用到）或 Yarn（Facebook 的包管理器）有基本的了解。

12.1 本章目标

本章将为 Bleeding Edge 出版社构建一个具有收藏功能的浏览器。用户可通过电子邮箱和密码登录该应用，查看图书收藏以及图书详情。

说明： 本章将使用 React 的最佳实践和最佳实践命名约定。本章不涉及 Redux 状态管理和服务器端渲染技巧，而是关注用户界面。

总而言之，这是一个非常简单的应用。学完本章，你将掌握如何正确地集成 Bulma 与 React，并能利用 Bulma 库创建应用的用户界面。

12.2　安装 create-react-app

React 与 Angular 和 Vue 非常相似，也有自己的 CLI，称为 create-react-app。在使用 Bulma 创建界面之前，需要执行几个命令来启动 React 应用。

```
npm install -g create-react-app
create-react-app <project-name>
cd <project-name>
npm start
```

上述命令将启动本地服务器，并初始化 React 应用。

12.3　create-react-app 速览

create-react-app 已经完成了配置开发环境的所有艰苦工作，我们需要做的只是创建组件和样式表（若有）。

本章将把所有组件及其子组件保存到它们自己的目录中。

```
src/
- components/
  - Login/
    - Login.jsx
    - LoginForm.jsx
    - styles/ （若有）
      - Login.css
```

`Login.jsx` 将充当容器，其中嵌套 `LoginForm.jsx`。通过这种方式设置组件，就可以在应用中的任何位置移动或添加登录表单了。

应用结构

需要重命名一些文件，并为资源和组件创建目录。从一个非常高的层面来看，src 文件夹中的目录结构应该类似于：

```
src/
  - assets/
  - actions/
  - components/
    - ComponentName/
      - ComponentName.jsx
      - ComponentNameChild.jsx
      - ComponentNameOtherChild.jsx
      - styles/
        - ComponentName.css
    - App.css
    - App.js
    - App.test.js
  - index.js
  - index.css
  - registerServiceWorker.js
```

12.4 安装 Bulma

在 React 应用中初始化 Bulma 有几种方法。可以把它添加到_public/目录下的 index.html 文件中，也可以通过 npm 添加，然后使用 ES6 导入。

> **说明**：建议全局添加 Bulma，以便一次引用就能在整个应用中使用。

12.4.1 选项 1：通过 CDN 添加 Bulma

create-react-app 安装完成后，执行 `npm start` 启动该应用，并在文本编辑器中打开文件。项目结构中包含一个 public/目录。导航到 public/目录并打开 index.html 文件。

可以选择删除预渲染的注释，它们不是很重要。

在`<head>`标签中，通过 CDN 添加 Bulma，如同添加网站中的其他任何样式表一样。

```
<link href="https://cdnjs.cloudflare.com/ajax/libs/bulma/0.6.2/css/
bulma.min.css" rel="stylesheet">
```

12.4.2 选项 2：通过 npm 添加 Bulma

推荐此法，因为使用 JavaScript 导入 React 依赖项被视作最佳实践。

create-react-app 安装完成后，执行 `npm start` 启动该应用，并在文本编辑器中打开文件。

通过 npm 安装 Bulma：

```
npm install bulma --save
```

在 src/主目录中打开 index.js 文件，并添加以下内容与其余导入语句。

```
import './../node_modules/bulma/css/bulma.css';
```

就是这么简单！然后就可以在 JSX 中使用 Bulma 了。

12.5 使用 React Router 4 编写路由

这个示例应用使用 React Router 4，因此可以基于 URL 访问不同的渲染组件。本章会简要介绍 React Router 4 的基础知识，但强烈建议你先查看官方文档。

首先执行如下命令安装 React Router 4：

```
npm install react-router-dom --save
```

然后导入 `react-router-dom` 的两个特定组件：`BrowserRouter` 和 `Route`。可以使用 App.js 文件中的 ES6 导入语句来实现。

```
import { BrowserRouter, Route } from 'react-router-dom';
```

接下来导入要创建的组件。可以在创建后再导入它们，在此之前导入的话会出错。当准备好将路由绑定到组件时，请务必参考本节。

12.5.1　<BrowserRouter>

<BrowserRouter>是每个<Route>的包装器。可以把<BrowserRouter>看作一个组件，当满足某个条件时（比如一个 URL 地址），它的“子”组件就会被注入其中。

与其他所有组件一样，<BrowserRouter>需要一个根元素。如果尝试在其中直接放置多个路由，就会出错，因此需要直接在里面使用<div>。

此时的 JSX 应该如下所示：

```
<BrowserRouter>
  <div>
    {/* 路由代码 */}
  </div>
</BrowserRouter>
```

12.5.2　<Route>

在这个单<div>中，应当添加一个<Route>。记住，这个<Route>是用 React Router 4 导入的组件。路由的基本结构如下：

```
<Route exact path="/" component={Login} />
```

之后还将创建一个动态路由。动态路由具有可以添加到路由的变量，以便将唯一路由分配给具有唯一数据的组件。

动态路由中的变量以冒号（:）开头，后跟变量名，比如 id。

12.5.3 带有路由的最终版 App.js

```
import React, { Component } from 'react';
import { BrowserRouter, Route } from 'react-router-dom';
import './App.css';

// 导入路由中用到的组件
import Login from './Login/Login';
import Collection from './Collection/Collection';
import CollectionSingleBookDetail from './Collection/CollectionSingleBookDe-
tail';

class App extends Component {
  render() {
    return (
      <BrowserRouter>
        <div>
          <Route exact path="/" component={Login} />
          <Route exact path="/collection" component={Collection} />
          <Route name="collectionDetail" path="/collection/:id" compo-
nent={CollectionSingleBookDetail} />
        </div>
      </BrowserRouter>
    );
  }
}

export default App;
```

12.6 创建登录组件

创建一个文件夹，并命名为 Login。如前所述，该文件夹将包含组件的所有代码。在该文件夹中创建一个 JSX 文件，并将其命名为 Login.jsx。

这个 Login.jsx 将充当一个容器，除了包含子组件，没有其他功能。由此可以控制子组件的总体布局。我们的目标是将 UI 布局与子组件分开。如果现在不知所措，不必担心，很快便会豁然开朗。

12.6.1 Login.jsx

Bulma 是前面全局添加到 index.js 文件中的，所以不需要再添加它。下面用 Bulma 创建第一个 React 组件。

1. 创建登录表单容器

首先创建包含表单的用户界面。记住，应将实际表单与 Login 组件分开，以便在 Web 应用中的任何地方复用表单。

对于每个新组件，我们想使用 ES6 将一些内容导入其中，然后渲染组件。所有 JSX 都将写在一个继承 Component 类的组件中。

```
import React, { Component } from 'react';

class Login extends Component {
  render() {
    return (
      {/* 在此放置 JSX 代码 */}
    );
  }
}

export default Login;
```

Bulma 提供了一些很好用的工具类，可以利用它们来创建全高的青绿色背景。为了实现这一点，需要创建一个元素，并为其分配几个类：一个基类和两个修饰符。

提示：Bulma 中的修饰符类以 is-或 has-开头。

这些类如下所示。

- hero：定义横幅图片或重要信息的大型区域。
- is-primary：添加 primary 背景色。在 Bulma 中主色调是青绿色，正是我们想要的。

- is-fullheight：应用的最小高度为视口高度的 100%。

```
<section className="hero is-primary is-fullheight">

</section>
```

现在浏览器窗口应该完全是青绿色的。如果任意添加一些内容，就会发现它们不是垂直对齐的。Bulma 类 hero-body 可以派上用场，它与 hero 类一起使用。

```
<section className="hero is-primary is-fullheight">
  <div className="hero-body">
    <p>I am generic text.</p>
  </div>
</section>
```

现在添加一些通用文本，就会看到文本是垂直居中的。仍需添加几行带有 Bulma 类的 JSX，以实现容器所需的用户界面。

```
<section className="hero is-primary is-fullheight">
  <div className="hero-body">
    <div className="container">
      <div className="columns is-centered">
        <div className="column is-5-tablet is-4-desktop is-3-widescreen">
          {/* 在此放置表单代码 */}
          <p>I am generic text.</p>
        </div>
      </div>
    </div>
  </div>
</section>
```

- container：在预定义的宽度中包含子元素。
- columns：包含各列的“行”。
- is-5-tablet：在平板设备上，列宽为容器宽度的 5/12。
- is-4-desktop：在桌面设备上，列宽为容器宽度的 4/12。
- is-3-widescreen：在宽屏设备上，列宽为容器宽度的 3/12。

2. 最终版 Login.jsx

```
import React, { Component } from 'react';

class Login extends Component {
  render() {
    return (
      <section className="hero is-primary is-fullheight">
        <div className="hero-body">
          <div className="container">
            <div className="columns is-centered">
              <div className="column is-5-tablet is-4-desktop is-3-
widescreen">
                <p>I am generic text.</p>
              </div>
            </div>
          </div>
        </div>
      </section>
    );
  }
}

export default Login;
```

12.6.2 创建登录表单

完成容器后，下面创建登录表单。这个 LoginForm.jsx 组件将作为 Login.jsx 的子组件导入。

```
import React, { Component } from 'react';
import Logo from './../../assets/logo-bis.png'; {/* logo 图像 */}

class LoginForm extends Component {
  render() {
    return (
      {/* 在此放置 JSX 代码 */}
    );
  }
}

export default LoginForm;
```

JSX 中大部分是标准表单输入和复选框。把这个 JSX 添加到 LoginForm

组件的return语句中。

每个表单都需要一些东西，其中最重要的是<form>元素。在本例中，<form>元素将作为仅有的根元素。需要给它一个Bulma类box，其作用是在表单中添加一个略带阴影的白色背景。

```
<form className="box">

</div>
```

接下来添加logo。如果还未导入logo，使用ES6导入语句来导入。这张图像将包装在一个<div>中，同时对该<div>应用一些Bulma类，以令其在表单顶部居中。Bulma类has-text-centered可堪此用。

```
<div className="field has-text-centered">
  <img src={Logo} width="167"/>
</div>
```

接下来只需为email和password字段以及提交按钮创建其余表单输入。这里把Bulma作为输入字段。

```
<div className="field">
   <label className="label">Email</label>
   <div className="control has-icons-left">
     <input className="input" type="email" placeholder="e.g. dave@parsecdigi-
tal.io" required/>
     <span className="icon is-small is-left">
       <i className="fa fa-envelope"></i>
    </span>
  </div>
</div>
```

你会注意到其中包含一些额外的类，比如label、has-icons-left、is-small、is-left，它们用于保持表单样式一致。更重要的是，has-icons-left告诉表单输入：输入的左侧应该有图标。因此，使用这个类时，Bulma会添加一些内边距，为图标留出空间。

说明：这个表单使用了 Font Awesome（文本 SVG 图标）。顾名思义，它非常棒。强烈建议查看其官方文档。

```
<form className="box">
  <div className="field has-text-centered">
    <img src={Logo} width="167"/>
  </div>
  <div className="field">
    <label className="label">Email</label>
    <div className="control has-icons-left">
      <input className="input" type="email" placeholder="e.g. dave@parsecdi-
gital.io" required/>
      <span className="icon is-small is-left">
        <i className="fa fa-envelope"></i>
      </span>
    </div>
  </div>
  <div className="field">
    <label className="label">Password</label>
    <div className="control has-icons-left">
      <input className="input" type="password" placeholder="********" re-
quired/>
      <span className="icon is-small is-left">
        <i className="fa fa-lock"></i>
      </span>
    </div>
  </div>
  <div className="field">
    <label className="checkbox">
      <input type="checkbox" required/>
      Remember me
    </label>
  </div>
  <div className="field">
    <button className="button is-success">
      Login
    </button>
  </div>
</form>
```

- ❑ `box`：添加一个包含子元素的白色框。
- ❑ `field`：包含`<form>`元素，使其间距一致。
- ❑ `control`：表单输入容器。

- has-icons-left：在输入字段左侧添加内边距，以便为图标留出空间。
- input：表单输入的样式。
- is-small：缩减元素大小的修饰符。
- is-left：图标居左对齐。
- checkbox：表单复选框的样式。

说明：值得注意的是，我们不会向该表单添加验证或表单处理程序。本节旨在展示使用 Bulma 创建 Web 表单非常简单。

可选：可以自由添加表单验证和表单处理程序。只需编写一个函数，在正确提交时，将用户重定向到/collections 路由即可。

最终版 LoginForm.jsx 组件

```
import React, { Component } from 'react';

class LoginForm extends Component {
  render() {
    return (
      <form className="box">
        <div className="field has-text-centered">
          <img src={Logo} width="167"/>
        </div>
        <div className="field">
          <label className="label">Email</label>
          <div className="control has-icons-left">
            <input className="input" type="email" placeholder="e.g. dave@par-
secdigital.io" required/>
            <span className="icon is-small is-left">
              <i className="fa fa-envelope"></i>
            </span>
          </div>
        </div>
        <div className="field">
          <label className="label">Password</label>
          <div className="control has-icons-left">
            <input className="input" type="password" placeholder="********"
required/>
```

```
            <span className="icon is-small is-left">
              <i className="fa fa-lock"></i>
            </span>
          </div>
        </div>
        <div className="field">
          <label className="checkbox">
            <input type="checkbox" required/>
            Remember me
          </label>
        </div>
        <div className="field">
          <button className="button is-success">
            Login
          </button>
        </div>
      </form>
    );
  }
}

export default LoginForm;
```

表单编写完成后，使用 `import LoginForm from'./LoginForm.jsx'`将其导入 `Login.jsx` 组件，并用`<LoginForm />`替换原本的“generic text”部分。

也可以通过表单验证和路由收藏组件来进一步增强这个表单。

12.7　创建收藏

“登录”后，你将被“重定向”到一个收藏视图。收藏是本章示例的主要部分，负责展示 Bleeding Edge 出版社的图书封面。用户点击一个封面，就会转到相应的“详情”组件，在那里可以“购买”或“分享”这本书，如图 12-1 所示。

图 12-1

12.7.1 页眉

每个 Web 应用都需要一个页眉，可以使用 Bulma 的一些类来简化其创建过程。

页眉最终完成后，应该如图 12-2 所示。

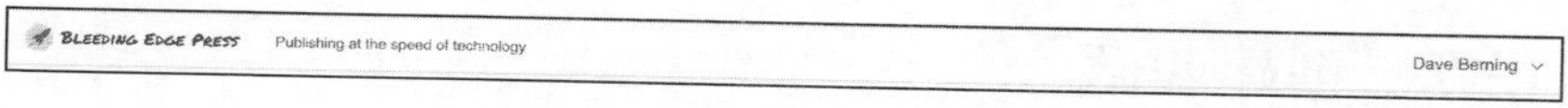

图 12-2

创建 `Header.jsx` 组件，并将 JSX 文件放在 src/components/Header/目录中。这个 `Header` 组件将作为页眉“容器”。

12.7.2 `Header.jsx`

这个组件的基本元素是`<header>`。`<header>`中将包含一个带有 Bulma 类的`<nav>`。

```
<header>
  <nav>

  </nav>
</header>
```

到目前为止，这个页眉相当不错，但是我们希望它和网页中的其他部分之间留一些间距，因此把 has-shadow 类添加到<nav>中，以添加一个浅阴影。还应该添加 navbar 类来添加 Bulma 的默认导航栏样式。

你的页眉的 JSX 应与之类似。暂时不用关心 HeaderBrand 和 HeaderUserControls，稍后将实现它们。

接下来为导航栏添加 JSX。导航栏需要 navbar-menu，尤其是在桌面设备上，原因是你想在桌面设备（而不是移动设备）上显示导航栏。

navbar-start 用于导航栏的左侧部分。navbar-item 用于定义导航栏中的每个单独项。

```
<div className="navbar-menu">
  <div className="navbar-start">
    <div className="navbar-item">
      <small>Publishing at the speed of technology</small>
    </div>
  </div>
</div>
```

最终版 Header.jsx

```
import React, { Component } from 'react';
import HeaderBrand from './HeaderBrand';
import HeaderUserControls from './HeaderUserControls';

class Header extends Component {
  render() {
    return (
      <header>
        <nav className="navbar has-shadow">
          <HeaderBrand />
```

```
          <div className="navbar-menu">
            <div className="navbar-start">
              <div className="navbar-item">
                <small>Publishing at the speed of technology</small>
              </div>
            </div>
            <HeaderUserControls />
          </div>
        </nav>
      </header>
    );
  }
}

export default Header;
```

- navbar：带结构的全宽响应式垂直导航栏，即主容器。
- has-shadow：修饰符，为元素添加 box-shadow。
- navbar-start：菜单的左侧部分，在桌面设备上会显示在导航栏的品牌标志旁。
- navbar-item：导航栏的每个单独项，可以是 a 或 div。

12.7.3 HeaderBrand.jsx

HeaderBrand 是 Header 的子组件，用于品牌标志，包括 logo。

创建一个新文件，并命名为 HeaderBrand.jsx，然后将其放在 src/components/Header 目录中。导入 React 后，请确保将 logo 导入为组件依赖项。

该组件的基本元素是一个带有 Bulma 类的<div>。

需要通过 navbar-item 和 navbar-brand 包装 logo 图像，如下所示。使用 navbar-brand 是因为它在所有设备上都总是可见的。这个类常用于品牌标志或品牌理念等。

```
<div className="navbar-brand">
  <a className="navbar-item">
    <img src={Logo} />
  </a>
</div>
```

接下来，在这个组件中需要为移动设备创建移动导航图标。使用 Bulma 很容易实现这一点。创建 3 个<span>标签，并使用 navbar-burger 和 burger 将其包装起来。

```
<div className="navbar-burger burger">
  <span></span>
  <span></span>
  <span></span>
</div>
```

实现汉堡图标从未如此简单!

最终版 HeaderBrand.jsx

```
import React, { Component } from 'react';
import Logo from './../../assets/logo.png';

class HeaderBrand extends Component {
  render() {
    return (
      <div className="navbar-brand">
        <a className="navbar-item">
          <img src={Logo} />
        </a>
        <div className="navbar-burger burger">
          <span></span>
          <span></span>
          <span></span>
        </div>
      </div>
    );
  }
}

export default HeaderBrand;
```

- navbar-brand：始终可见，通常包含 logo 和一些链接或图标。

- navbar-burger：汉堡图标，用于在可触摸设备上开关导航栏菜单。
- burger：包含 3 个<span>标签的容器，这 3 个标签将渲染出一个“汉堡”，即移动端导航图标。

12.7.4 HeaderUserControls.jsx

HeaderUserControls.jsx 是页眉的最后一个组件。它只是一个简单的下拉菜单，其中有“个人资料”和“注销”之类的附加链接。在 src/components/Header 目录中创建一个新文件，并将其命名为 HeaderUser-Controls.jsx。<div>将作为该组件的基本元素。

```
<div className="navbar-end">

</div>
```

其中使用了 navbar-end，因为它将位于导航栏的末端或右侧。在其中添加一个嵌套<div>，并为其赋予 Bulma 类 has-dropdown 和 is-hoverable。这些修饰符的作用显而易见：轻松创建出一个在鼠标指针悬停时显示的下拉菜单。

```
<div className="navbar-end">
  <div className="navbar-item has-dropdown is-hoverable">
    <div className="navbar-link">
      Dave Berning
    </div>
  </div>
</div>
```

虽然这段代码不错，但没有实现下拉菜单，接下来需要创建它。下拉菜单应该始终包装在 navbar-dropdown 类中。请确保用 navbar-item 类包装每个下拉项。

```
<div className="navbar-dropdown">
  <a className="navbar-item">
```

```
<div>
      <span className="icon is-small">
        <i className="fa fa-user-circle-o"></i>
      </span>
      Profile
    </div>
  </a>
  <a className="navbar-item">
    <div>
      <span className="icon is-small">
        <i className="fa fa-bug"></i>
      </span>
      Report bug
    </div>
  </a>
  <a className="navbar-item">
    <div>
      <span className="icon is-small">
        <i className="fa fa-sign-out"></i>
      </span>
      Sign Out
    </div>
  </a>
</div>
```

下拉菜单的 JSX 应该位于具有用户名的 navbar-link 之下。在这个例子中，用户名为 Dave Berning。

- navbar-end：菜单的右侧部分，显示在导航栏末端。
- is-hoverable：当鼠标指针悬停在父级 navbar-item 上时，将显示下拉菜单。
- navbar-link：下拉菜单的同级链接，带有箭头。

最终版 HeaderUserControls.jsx

最终的 HeaderUserControls 组件代码应该如下所示：

```
import React, { Component } from 'react';

class HeaderUserControls extends Component {
  render() {
```

```
    return (
      <div className="navbar-end">
        <div className="navbar-item has-dropdown is-hoverable">
          <div className="navbar-link">
            Dave Berning
          </div>
          <div className="navbar-dropdown">
            <a className="navbar-item">
<div>
                <span className="icon is-small">
                  <i className="fa fa-user-circle-o"></i>
                </span>
                Profile
              </div>
            </a>
            <a className="navbar-item">
              <div>
                <span className="icon is-small">
                  <i className="fa fa-bug"></i>
                </span>
                Report bug
              </div>
            </a>
            <a className="navbar-item">
              <div>
                <span className="icon is-small">
                  <i className="fa fa-sign-out"></i>
                </span>
                Sign Out
              </div>
            </a>
          </div>
        </div>
      </div>
    );
  }
}

export default HeaderUserControls;
```

12.7.5 整合页眉

完成了页眉的子组件后，把它们导入 Header.jsx。最终版本的页眉应该如下所示：

```
import React, { Component } from 'react';
import HeaderBrand from './HeaderBrand';
import HeaderUserControls from './HeaderUserControls';

class Header extends Component {
  render() {
    return (
      <header>
        <nav className="navbar has-shadow">
          <HeaderBrand />

          <div className="navbar-menu">
            <div className="navbar-start">
              <div className="navbar-item">
                <small>Publishing at the speed of technology</small>
              </div>
            </div>
            <HeaderUserControls />
          </div>
        </nav>
      </header>
    );
  }
}

export default Header;
```

12.8 Footer.jsx

页脚组件比页眉组件简单得多。当然，你可以尝试新掌握的 Bulma 技能，添加额外的列、图像、文本和页脚导航栏。

创建一个新的 JSX 文件，命名为 Footer.jsx，并将其放入 src/Footer/ 目录中。

这个 JSX 非常简单：

```
<footer className="footer">
  <p className="has-text-centered">Copyright &copy; 2018. All Rights Re-
served</p>
</footer>
```

- footer：用于页脚的类。此元素中可以包含任何元素、列表或图像。
- has-text-centered：居中对齐文本。

页脚已经构建好了。稍后要把页眉和页脚导入 collections 和 collections detail 组件。

最终的页脚组件应如下所示：

```
import React, { Component } from 'react';

class Footer extends Component {
  render() {
    return (
      <footer className="footer">
        <p className="has-text-centered">Copyright &copy; 2018. All Rights
Reserved</p>
      </footer>
    );
  }
}

export default Footer;
```

12.9 图书收藏主体

图书收藏主体负责控制收藏的布局、遍历数据并渲染单个组件（你将向其中传递数据）。本节的数据来自 src/data 目录中的 JSON 文件 books.json，其中包含一份通用数据。

数据对象如下所示：

```
{
  "id": 5,
  "name": "Developing a React.js Edge",
  "cover": "react-edge.jpg",
  "author": "Richard Feldman, Frankie Bagnardi, & Simon Hojberg",
```

```
  "details": "Lorem ipsum dolor sit amet..."
}
```

创建一个 JSX 文件并命名为 Collection.jsx，然后放入 src/components/Collection/目录中。该组件将充当容器并包含所有子组件。该组件中的基本元素是<div>。嵌套在该<div>中的是另一个带有 container 类的<div>。这个类以固定宽度和居中方式“包含”内容。

12.9.1　Collection.jsx

```
<div>
  <div className="container">

  </div>
</div>
```

接下来添加一些 JSX 来填充组件。这个组件的最终目标是在单个组件上显示所有图书封面，为此需要遍历数据，传递 props，并使用 Bulma 编写相应的 JSX。创建一个<div>并加上 columns 类。在这个 columns <div>之后，再创建一个<div>并加上 column 类。当然，这是 Bulma 的基础，前文已讲过，此处不再赘述。

这里选择列宽为容器宽度的 3/12 来迭代该数据和容器 CollectionSingleBook 组件。当引用 CollectionSingleBook 组件时，请确保通过 props 传递数据。

```
<h1 className="title is-2">Your Collection</h1>
{/* 迭代数据 (books) */}
<div className="columns is-multiline">
  {this.state.books.map((book) => (
    <div className="column is-3">
      <CollectionSingleBook key={book.id} book={book} /> { /* 即将实现此
处内容 */ }
    </div>
  ))}
</div>
```

最终版 Collection.jsx

```
import React, { Component } from 'react';
import Header from './../Header/Header'
import Footer from './../Footer/Footer';
import CollectionSingleBook from './CollectionSingleBook';
import BookData from './../../data/books.json';
import styles from './styles/Collection.css';

class Collection extends Component {
  constructor() {
    super();
    this.state = {
      books: BookData
    };
  }

  render() {
    return (
      <div>
        <Header />
        <div className="container has-gutter-top-bottom">
          <h1 className="title is-2">Your Collection</h1>
          {/* 迭代数据 (books) */}
          <div className="columns is-multiline">
            {this.state.books.map((book) => (
              <div className="column is-3">
                <CollectionSingleBook key={book.id} book={book} />
              </div>
            ))}
          </div>
        </div>
        <Footer />
      </div>
    );
  }
}

export default Collection;
```

- title：定义标题（非常像<h1>）。
- is-2：基于 12 列布局。元素宽度为容器宽度的 2/12。

- is-multiline：定义 columns 行以包装 column 项。如果不加上这个类，列就会在它的容器上重复，而非包装其中。
- is-3：基于 12 列布局。元素宽度为容器宽度的 3/12。

12.9.2 CollectionSingleBook.jsx

这个组件比较小。CollectionSingleBook.jsx 仅作为图书封面，它带有一个通向 detail 组件的链接。该组件真正说明了为何应该把组件分解成小的、容易理解的部分。

要说明的是，CollectionSingleBook 组件将封面大小限制为浏览器窗口（或者本例中的容器）的 1/3。在单本书组件本身没有大小限制的情况下，可以将其添加到任何位置，并使用其他父组件来控制大小。

说明：Link 是 React Router 4 的一部分。可以使用 import { Link, withRouter} from 'react-router-dom';导入它：

```
<div>
  <Link to={{pathname: `/collection/${this.props.book.id}`, state: { single-
Book: this.props.book }}}>
    <img src={require("./../../assets/" + this.props.book.cover)}/>
  </Link>
</div>
```

在这个组件中，只需构造动态链接，并通过 props 将单个“book”对象传递给下一级组件 CollectionSingleBookDetail.jsx。

最终版 CollectionSingleBook.jsx

```
import React, { Component } from 'react';
import { Link, withRouter} from 'react-router-dom';

class CollectionSingleBook extends Component {
  render() {
    return (
```

```
    <div>
      <Link to={{pathname: `/collection/${this.props.book.id}`, state:
{ singleBook: this.props.book }}}><img src={require("./../../assets/" +
this.props.book.cover)}/></Link>
    </div>
  );
 }
}

export default CollectionSingleBook;
```

12.9.3 CollectionSingleBookDetail.jsx

这是一个动态组件，这意味着路由总是不同的，但使用相同的组件。路由定义了哪些数据传递给这个组件。可以点击 CollectionSingleBook.jsx 访问此组件。我们使用图书的 id 来确定哪本书的信息会加载到此组件中。

这个组件的布局非常简单，包含两列。左列只包含书的封面，右列只包含书的相关信息，还有一个嵌套的 columns 行，用于提供“分享”和“购买”按钮。务必将 container 类添加到<div>中，以便将内容限制为固定宽度并且居中。

singleBook 总是经 props 从 Collection.jsx 直接引用数据。右列需要使用修饰符类 is-one-third。应限制列宽以免图片过大，而其余列会自动调整大小。

```
<div className="container">
  <div className="columns">
    <div className="column">
      <h1 className="title is-2">{singleBook.name}</h1>
      <p>By: {singleBook.author}</p>
    </div>
  </div>
  <div className="columns">
    <div className="column is-one-third">
      <img src={require("./../../assets/" + singleBook.cover)}/>
```

```
    </div>
    <div className="column">
      <p>{singleBook.details}</p>

      <div className="columns">
        <div className="column">
          <button className="button is-primary is-large is-fullwidth">Buy
Book</button>
        </div>
        <div className="column">
          <button className="button is-secondary is-large is-
fullwidth">Share Book</button>
        </div>
      </div>
    </div>
  </div>
</div>
```

最终组件内容应该如下所示：

```
import React, { Component } from 'react';
import Header from './../Header/Header';
import Footer from './../Footer/Footer';

class CollectionSingleBookDetail extends Component {
  render() {
    const singleBook = this.props.location.state.singleBook; { /* 仅为提
高 JSX 可读性，非必需。 */}

    return (
      <div>
        <div className="container">
          <div className="columns">
            <div className="column">
              <h1 className="title is-2">{singleBook.name}</h1>
              <p>By: {singleBook.author}</p>
            </div>
          </div>
          <div className="columns">
            <div className="column is-one-third">
              <img src={require("./../../assets/" + singleBook.cover)}/>
            </div>
            <div className="column">
              <p>{singleBook.details}</p>
```

```
              <div className="columns">
                <div className="column">
                  <button className="button is-primary is-large is-
fullwidth">Buy Book</button>
                </div>
                <div className="column">
                  <button className="button is-secondary is-large
is-fullwidth">Share Book</button>
                </div>
              </div>
            </div>
          </div>
        </div>
      </div>
    );
  }
}

export default CollectionSingleBookDetail;
```

- title：给文本添加标题样式。
- is-2：不同大小的.title，相当于<h2>。
- is-one-third：将列定义为容器的1/3，其他列将填充剩余空间。
- is-secondary：使用<button>的次要颜色。
- is-large：增大按钮大小。
- is-fullwidth：使<button>占据100%的宽度。

12.9.4 整合收藏组件

至此，完成了所有收藏组件，下面将页眉和页脚导入Collection.jsx组件。

```
import Header from './../Header/Header';
import Footer from './../ Footer/Footer';
```

在Collections.jsx和CollectionSingleBookDetail.jsx组件中，分别在.container的上方和下方添加<Header/>和<Footer/>。

最终代码应如下所示：

Collections.jsx（容器）

```
import React, { Component } from 'react';
import Header from './../Header/Header'
import Footer from './../Footer/Footer';
import CollectionSingleBook from './CollectionSingleBook';
import BookData from './../../data/books.json';

class Collection extends Component {
  constructor() {
    super();
    this.state = {
      books: BookData
    };
  }

  render() {
    return (
      <div>
        <Header />
        <div className="container has-gutter-top-bottom">
          <h1 className="title is-2">Your Collection</h1>
          {/* 迭代数据 (books) */}
          <div className="columns is-multiline">
            {this.state.books.map((book) => (
              <div className="column is-3">
                <CollectionSingleBook key={book.id} book={book} />
              </div>
            ))}
          </div>
        </div>
        <Footer />
      </div>
    );
  }
}

export default Collection;
```

12.10 运行应用

如果还未构建示例项目，应执行以下命令，在本地构建项目：

```
npm start
```

如果构建正常，应该显示登录窗口。这个表单没有任何功能，但是要查看 `Collections` 组件，需要在 URL 栏使用`/collection`进行导航。

你会看到 Bleeding Edge 出版社图书封面的一个栅格！点击每本书的封面，会导航至`/collection/<id>`。这些细节窗口（detail screen）都是一个个单独的组件，会有数据传递到其中。

12.11 小结

Bulma 是一个强大的 CSS 框架，可以在 React 项目中用它快速创建原型和用户界面。Bulma 是基于 Flexbox 构建的，所以如果你使用 React Native 构建原生移动应用程序，也可以采用其中的一些概念。

本章细致讲解了如何集成 Bulma 与 React，以及在某些情况下为何选用特定的 Bulma CSS 类。

第 13 章将介绍如何自定义 Bulma。

第 13 章

自定义 Bulma

Bulma 的默认样式是经过精心选择的，旨在满足大多数用户的需求，并确保使用 Bulma 构建的任何界面都美观。

但即使页面布局自然平衡，组件足够清晰且可以直接使用，你可能也不希望网站最终看起来类似于其他 Bulma 实例。首先，你可能已经定义了颜色和排版规则，使用 Bulma 构建商业级应用时尤其如此，这时你需要严格遵循已经定义的品牌指导原则。其次，不管用 Bulma 构建哪类网站，往往需要赋予其风格。一套设计不可能满足所有人。

Bulma 是一个易于自定义的 CSS 框架，可以通过以下几种方式实现：

(1) 重写 Bulma 的初始变量和继承变量；
(2) 重写 Bulma 的组件变量；
(3) 添加自己的变量；
(4) 重写 Bulma 的样式；
(5) 添加自己的样式。

要自定义界面，只需遵循其中之一即可。

如 Bulma Expo 所述，Bulma 这个强大的工具可以满足任何类型的设计。

首先需要在计算机上安装 Sass。

13.1 安装 node-sass

Bulma 是使用 CSS 预处理器 Sass 构建的。虽然 Sass 最初是用 Ruby 编写的（并且可通过 Ruby gem 获取），但推荐使用更高效的 C/C++编译器 LibSass。

实际上大多数开发人员使用 node-sass，它提供了 Node.js 到 LibSass 的绑定。这正是我们要用的库。

首先需要在计算机上安装 Node.js。

13.1.1 创建 package.json

打开终端，转到保存 HTML 文件的文件夹（包含 `books.html`、`customers.html` 等），然后键入以下内容：

```
npm init
```

按照说明操作。该命令将创建 package.json 文件。

然后键入以下内容：

```
npm i bulma node-sass --save-dev
```

该命令将向 package.json 添加开发环境依赖：

```
"devDependencies": {
  "bulma": "^0.6.2",
  "node-sass": "^4.7.2"
}
```

目前，脚本列表中只有一个名为 test 的脚本，它只会回显一条错误信息，然后退出。

将该脚本列表替换为以下内容：

```
"scripts": {
  "build": "node-sass --output-style expanded --include-path=node_modules/
bulma sass/custom.scss css/custom.css",
  "start": "npm run build -- --watch"
},
```

其中最重要的脚本是 build：它将输入 sass/custom.scss 文件，并创建 css/custom.css 文件输出。

start 脚本的作用仅仅是将 build 转换为监听脚本。

13.1.2 创建 sass/custom.scss 文件

前面都是通过 CDN 导入 Bulma CSS 文件的：

```
<link rel="stylesheet" href="https://cdnjs.cloudflare.com/ajax/libs/bulma/
0.6.1/css/bulma.min.css">
```

既然要自定义版本，那么在所有 HTML 文件中，需要将<link>标签替换为新标签：

```
<link rel="stylesheet" href="css/custom.css">
```

然而/css 文件夹和 custom.css 文件尚不存在！

在 package.json 文件所在的目录中创建/css 和/sass 文件夹。在后者中添加 custom.scss 文件。

虽然 Bulma 本身使用.sass 文件，但大多数开发人员更喜欢.scss 文件语法，因为它更容易理解，所以这里使用它。

要查看上述配置是否正常工作，请在 custom.scss 中编写以下内容：

```
html {
  background: red;
}
```

然后打开终端执行 `npm run build` 命令，应该能看到如下输出：

```
Rendering Complete, saving .css file...
Wrote CSS to /path/to/html/css/custom.css
```

打开页面，应该会看到图 13-1 所示内容。

图 13-1

利用自己的 custom.css 文件实现了：

- ❑ 移除 Bulma 样式；
- ❑ 添加自定义样式。

现在可以删除该 CSS 规则，清空 custom.scss。

13.2 导入 Bulma

目前已在计算机上本地安装了 Bulma，但尚未使用它。

自此将非常频繁地更新.scss 文件，所以可以改为运行 `npm start`，该命令将监听文件的修改。

在空的 custom.scss 文件中添加：

```
@import "node_modules/bulma/bulma";
```

保存文件。由于文件发生了更改，终端将会显示如下输出，效果见图 13-2。

```
=> changed: /path/to/html/sass/custom.scss
Rendering Complete, saving .css file...
Wrote CSS to /path/to/html/css/custom.css
```

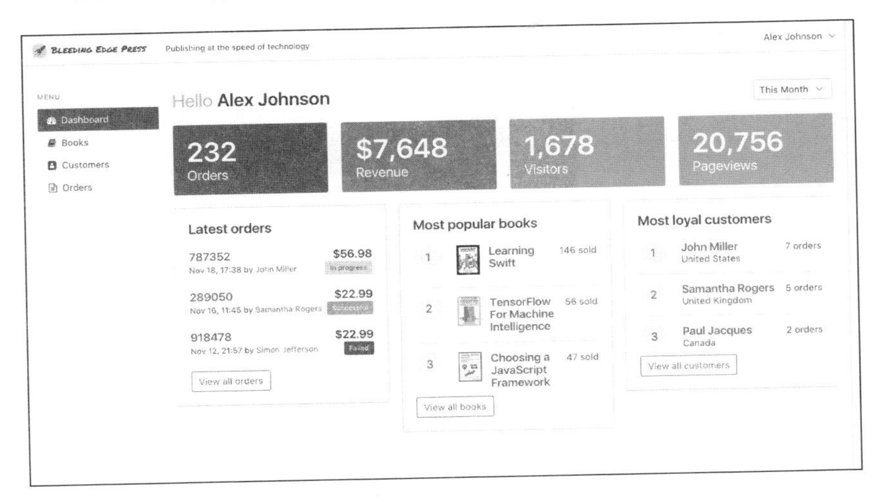

图 13-2

一切都恢复正常了。目前并非是从 CDN 导入已生成的.css 文件，而是将 Bulma 的 Sass 版本导入 custom.scss 文件，然后生成 custom.css。

既然还没有做任何改动，自然看不出有何不同。自定义设计的第一步，是导入新的字体系列。

13.3 导入谷歌字体

新的设计使用了两种谷歌字体：Karla 和 Rubik。虽然可以通过`<link>`标签导入它们，但是从 CSS 文件中的某个位置导入它们更容易。

在导入 Bulma 前，先要导入字体，因此在 custom.scss 文件的顶部添加如下代码：

```
@import url('https://fonts.googleapis.com/css?family=Karla:400,700|Rubik:
400,500,700');
```

由于字体是第三方依赖项，因此必须先导入它们。

13.4 导入自己的变量

虽然 Bulma 使用单字体系列，但新设计了使用两种字体，因此需要创建一个新变量来存储第二个字体系列。

在导入字体和导入 Bulma 的中间添加如下代码：

```
// 新变量
$family-heading: "Rubik", BlinkMacSystemFont, -apple-system, "Helvetica",
"Arial", sans-serif;
```

在另行通知之前，必须在`@import "node_modules/bulma/bulma";`这一行之前添加新的 Sass 片段。

Rubik 将主要用作标题字体，而其他字体作为备选，以防 Rubik 无法加载。

该设计还将大量使用一种新的阴影，所以最好也将其存储为变量：

```
$large-shadow: 0 10px 20px rgba(#000, 0.05);
```

13.5 理解 Bulma 变量

Bulma 包含 3 组变量：

- 初始变量是 Sass 变量的集合，这些变量被赋予一个字面量，比如 `$blue: hsl(217, 71%, 53%);`
- 继承变量要么引用初始变量，比如`$link: $blue`，要么使用 Sass 函数来确定其值，比如`$green-invert: findColorInvert($green);`
- 组件变量特定于每个 Bulma 元素或组件，并引用之前定义的变量或新的字面量。

这可以形成一条链路，举例如下。

- 在 initial-variables.sass 中，蓝色使用了字面量：`$blue: hsl(217, 71%, 53%);`
- 在 derived-variables.sass 中，`$link` 的颜色使用这种蓝色：`$link:$blue;`
- 在 breadcrumb.sass 中，面包屑项的颜色使用链接颜色：`$breadcrumb-item-color: $link`。

这使得 Bulma 用户在自定义方面拥有很大的灵活性。

- 可以更新`$blue` 值，它将反映在整个网站上。
- 可以设置`$link: $green` 来更新所有链接和面包屑项。

- 也可以选择只将面包屑项更新为红色：`$breadcrumb-item-color: $red`。
- 或者两者都实现：将所有链接设为绿色，而将所有面包屑项设为红色。

这样设置的目的是：

- 便于在任何地方更新单个值（因为`$blue`是单独定义的）；
- 元素和组件仍可单独设置样式。

13.6 覆盖 Bulma 的初始变量

新设计带来了新的品牌颜色、第二种字体（Karla）以及更大的边框半径。要使用新品牌样式非常简单：只需使用新值来更新它们各自对应的变量，这些变化就会反映在整个网站上。

在 custom.scss 中编写以下内容：

```
// 初始变量
$turquoise: #5dd52a;
$red: #D30012;
$yellow: #FFF200;
$green: #24D17D;
$blue: #525adc;

$family-sans-serif: "Karla", BlinkMacSystemFont, -apple-system,
"Helvetica", "Arial", sans-serif;

$radius: 5px;
```

记住，需要在导入 Bulma 之前添加以上内容，效果如图 13-3 所示。

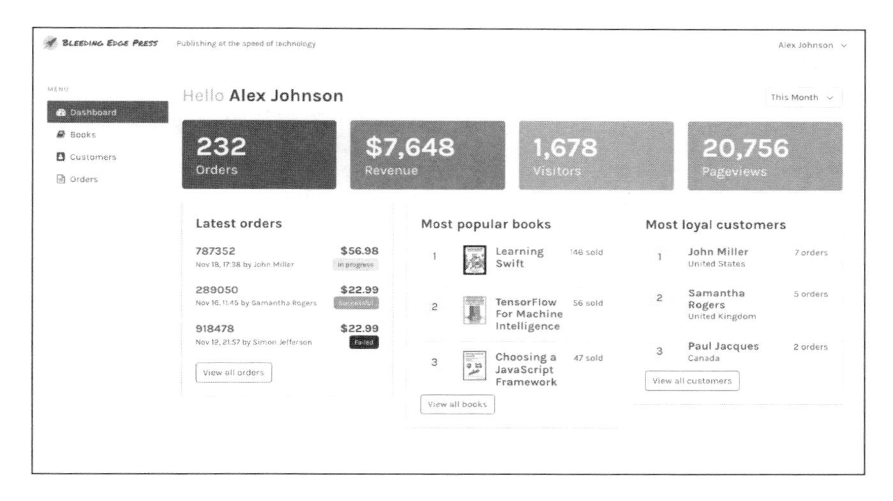

图　13-3

现在，颜色已更新，正文的字体也变成 Karla 了。

所有 Bulma 变量都使用了`!default`标志。这是一个 Sass 特性，它意味着除非变量之前被赋过值，否则将被赋一个默认值。

这就是为什么在设置了新变量后导入 Bulma 仍然正常工作，并且保留了新的品牌颜色。

13.7　覆盖 Bulma 的组件变量

新设计的页面背景颜色稍暗，这是在 generic.sass 中定义的。调整不需要编写新的 CSS 规则，只需要适当修改变量即可，在本例中，指的是`$body-background-color`。

可以使用 Bulma 的一个初始变量`$white-ter`。要访问该变量，需要先导入它：

```
// 导入其余的 Bulma 初始变量
@import "node_modules/bulma/sass/utilities/initial-variables";
```

现在所有初始变量都可以访问，并且可用于更新组件变量。

在导入初始变量之后，导入 Bulma 的其余部分之前，请对该变量重新赋值，效果见图 13-4。

```
$body-background-color: $white-ter;
```

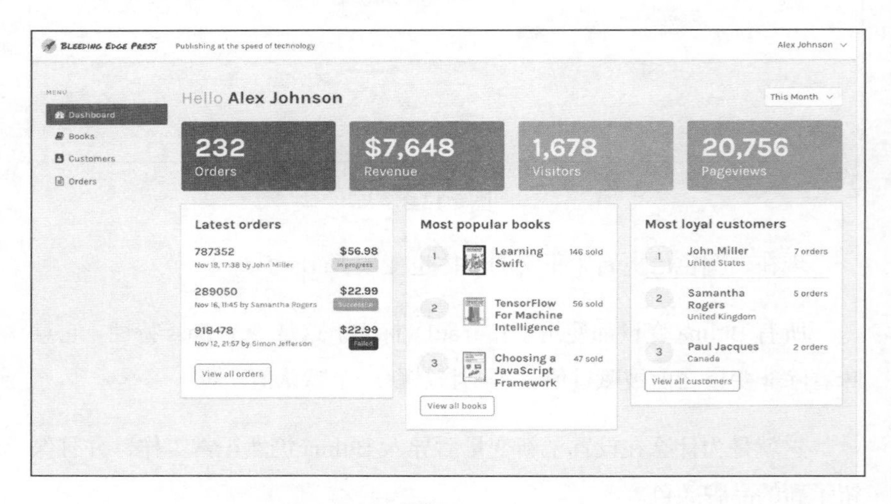

图 13-4

下一步是利用前面创建的`$large-shadow`。Bulma 的 `box` 组件和 `card` 组件都可以使用它，而且 `box` 还需要更大的内边距，效果见图 13-5。

```
$box-padding: 2rem;
$box-shadow: $large-shadow;

$card-shadow: $large-shadow;
```

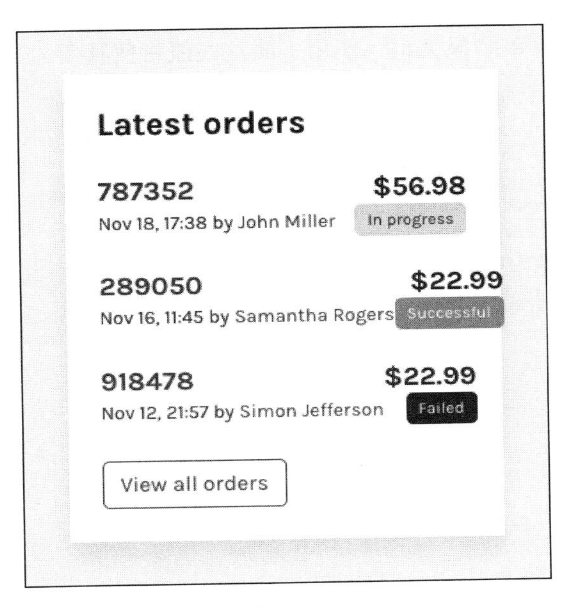

图 13-5

总体而言，新设计的空间更大，并且列与列之间的间距增大了：

```
$column-gap: 1rem;
```

按钮和输入在聚焦时仍有蓝色阴影，但灰色的看起来更好，再加上红色的下拉箭头，如图 13-6 所示。

```
$button-focus-box-shadow-color: rgba($black, 0.1);

$input-arrow: $red;
$input-focus-box-shadow-color: rgba($black, 0.1);
```

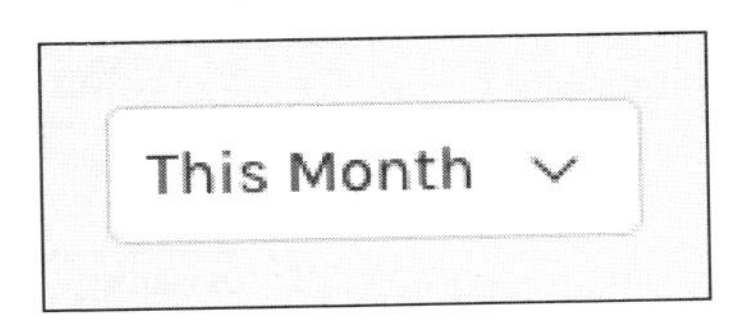

图 13-6

侧边栏菜单略显突出，使用下面这些值将使其变为灰阶，效果见图 13-7。

```
$menu-item-color: $grey;
$menu-item-hover-background-color: transparent;
$menu-item-active-background-color: $white;
$menu-item-active-color: $black;
$menu-item-radius: $radius;
```

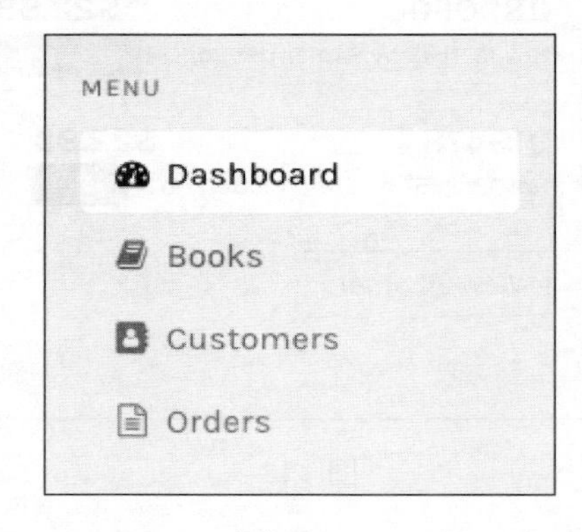

图 13-7

导航栏和表格的间距也需要增大，如图 13-8 所示。

```
$navbar-height: 6rem;
$navbar-item-img-max-height: 3rem;
$navbar-item-hover-background-color: transparent;
$navbar-dropdown-border-top: none;

$table-cell-border: 2px solid $white-ter;
$table-cell-padding: 0.75em 1.5em;
```

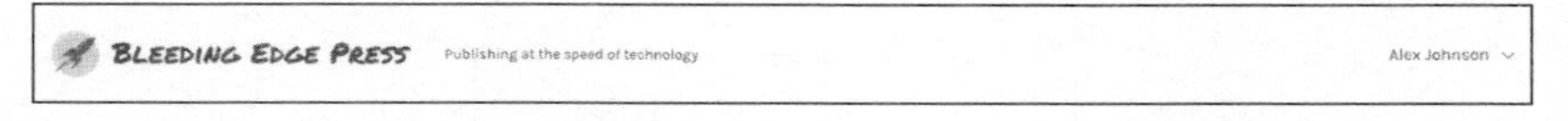

图 13-8

只需重写 Bulma 的变量，而不需要编写任何 CSS，设计就已经大为改观：新的配色方案、额外的字体，以及更合适的间距。

13.8 修改 HTML

更高的导航栏视觉上更突出，但目前 logo 太宽了，如图 13-9 所示。

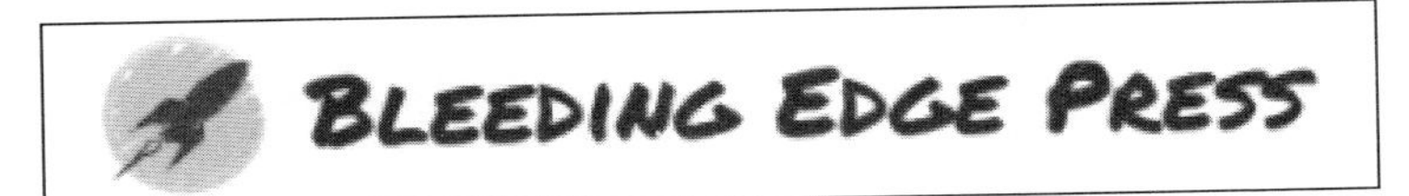

图 13-9

要节约水平空间，需要分开图标和文字。将 logo.png 替换为 icon.png，效果见图 13-10。

```
<a class="navbar-item">
  <img src="images/icon.png">
</a>
```

图 13-10

把文字替换成带有品牌理念的样式，效果见图 13-11。

```
<div class="navbar-item">
  <div>
    <img src="images/type.png" width="250.5" height="21">
    <br>
    <small>Publishing at the speed of technology</small>
  </div>
</div>
```

BLEEDING EDGE PRESS

Publishing at the speed of technology

图 13-11

13.9 自定义规则

由于 Bulma 是用 Sass 编写的，因此可以使用该语言的所有功能：

- 变量；
- 嵌套；
- 混入（mixin）；
- 继承。

前面使用了新的变量，要进一步自定义设计，可以使用扩展和嵌套。

自此，所有代码都必须在导入 Bulma 之后，写在文件的末尾。

13.9.1 第二字体

Bulma 没有第二个字体系列，所以必须编写自己的 CSS 规则，好在扩展这个类很容易。

在`@import "node_modules/bulma/bulma";`之后编写如下代码：

```
%heading {
  font-family: $family-heading;
  font-weight: 500;
}
```

这是一个 Sass 占位符：通过它可以将多个选择器合并到一条规则中。

13.9.2 更大的控件

新设计重新定义了 Bulma 控件（按钮、输入框、下拉菜单、分页链接等）：稍大一点，没有内部阴影或边框。

新的控件大小将重复使用多次，因此最好定义一个新变量：

```
$control-size: 2.75em;
```

有一些 Bulma 元素必须立即修改，效果见图 13-12。

```
.button,
.input,
.select select,
.pagination-previous,
.pagination-next,
.pagination-link {
  border-width: 0;
  box-shadow: none;
  height: $control-size;
  padding-left: 1em;
  padding-right: 1em;
}
```

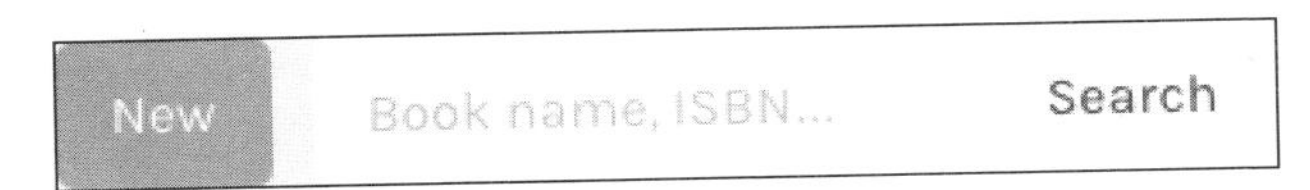

图 13-12

带有图标和下拉菜单的控件，也必须适配控件变大，效果见图 13-13。

```
.control.has-icons-left {
  .input,
  .select select {
    padding-left: $control-size;
  }

  .icon {
    height: $control-size;
    width: $control-size;
  }
}

.select {
  &:not(.is-multiple) {
    height: $control-size;
  }
}
```

```
.select select {
  &:not([multiple]) {
    padding-right: $control-size;
  }
}
```

图 13-13

这里使用 Sass 变量非常有用。如果想改变`$control-size`的值，只需在一处更新即可。

现在按钮边框已被删除，但仍需要按钮轮廓，效果见图 13-14。

```
.button {
  &.is-outlined {
    border-width: 2px;
  }
}
```

图 13-14

最后要更新文件上传控件，效果见图 13-15。

```
.file-cta,
.file-name {
  background-color: $white;
  border-width: 0;
}
```

图 13-15

13.9.3 使用 Rubik 字体

Rubik 字体更醒目，更具现代感，这使得它适用于标题、标签和按钮等交互元素。

修改按钮的默认背景，并使用大写字母以突出文字，如图 13-16 所示。

```
.button {
  @extend %heading;
  background-color: rgba(#000, 0.05);
  text-transform: uppercase;
}
```

图 13-16

面包屑元素同理，如图 13-17 所示。

```
.breadcrumb {
  @extend %heading;
  text-transform: uppercase;
}
```

BOOKS / NEW BOOK

图 13-17

要使分页项看起来更像按钮，还可以对其使用 Rubik，并移除边框，如图 13-18 所示。

```
.pagination {
  @extend %heading;
```

```
}

.pagination-previous,
.pagination-next,
.pagination-link {
  background-color: $white;
  border-width: 0;
  min-width: $control-size;
}
```

图 13-18

13.9.4 修改侧边栏菜单

目前菜单的组件变量已经修改为灰阶，但菜单仍然缺乏重点，和其余部分的设计格格不入。

解决方案是：使用大写的 Rubik 字体，如图 13-19 所示。

```
.menu {
  @extend %heading;
  text-transform: uppercase;
}
```

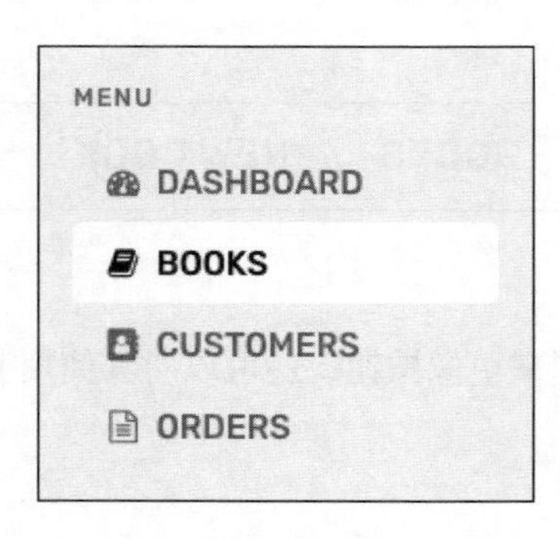

图 13-19

现在菜单标签已经不再是必需的了，但不用修改所有的 HTML 文件，只需用 CSS 隐藏它：

```
.menu-label {
  display: none;
}
```

使用 Sass 嵌套，易于设置菜单列表项及其图标的样式，效果见图 13-20。

```
.menu-list {
  a {
    padding: 0.75em 1em;

    .icon {
      color: $grey-light;
      margin-right: 0.5em;
    }

    &.is-active {
      box-shadow: $large-shadow;

      .icon {
        color: $red;
      }
    }
  }
}
```

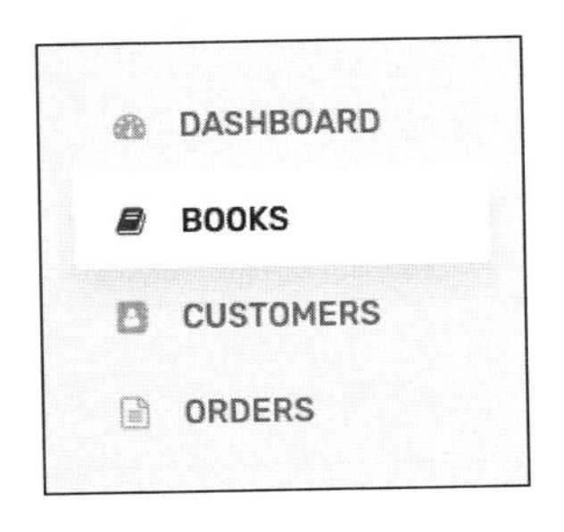

图 13-20

新的阴影虽然更大，但不会喧宾夺主，并强调了当前激活的菜单项。

13.9.5 修补导航栏

一开始引入的$large-shadow 已在整个设计中使用，唯一剩下的阴影在导航栏，下面更新它：

```
.navbar {
  &.has-shadow {
    box-shadow: $large-shadow;
  }
}
```

目前导航栏已经通过 Bulma 的组件变量定制过了，但是需要一些额外的间距并调整大小，效果见图 13-21。

```
.navbar-item,
.navbar-link {
  padding: 0.75rem 1.5rem;
}

.navbar-link {
  padding-right: 2.5em;
}

.navbar-item {
  font-size: $size-5;
}

.navbar-start {
  .navbar-item {
    line-height: 1;
    padding-left: 0;
  }
}
```

图 13-21

这样所有元素就更紧密地结合在一起了。

13.9.6 优化表格

尽管表格是主要内容所在，但白色背景表格与界面的其他部分相比显得很单调。

添加阴影，并增大字号，如图 13-22 所示。

```
.table {
  box-shadow: $large-shadow;
  font-size: 1.125rem;
}
```

	Name	Email	Country	Orders	Actions
☐	John Miller	johnmiller@gmail.com	United States	7	EDIT DELETE
☐	Samantha Rogers	samrogers@gmail.com	United Kingdom	5	EDIT DELETE
☐	Paul Jacques	paul.jacques@gmail.com	Canada	2	EDIT DELETE
☐	Name	Email	Country	Orders	Actions

图 13-22

13.9.7 标题加粗

最后需要修改标题。标题用于告诉用户当前在哪一页，因此应强调标题，并在内容中体现层次结构，如图 13-23 所示。

```
.title {
  @extend %heading;
}

h1.title {
  font-weight: 700;
  text-transform: uppercase;
}
```

BOOKS

图 13-23

13.10 使用 Bulma 混入实现响应式

最后一个需要修补的设计很难定位，因为它们只发生在某些断点前后。

由于 Bulma 是完全响应式的，因此它的一些组件是根据视口大小设置样式的。

`media`

dashboard.html 中的 `media` 项组合了 4 个元素：

- 2 个 `media-left`；
- 1 个 `media-content`；
- 1 个 `media-right`。

这使得该组件在移动设备上会被挤压，如图 13-24 所示。

图 13-24

替代做法是垂直布局 4 个元素，效果见图 13-25。

```
@include mobile() {
  .media {
    flex-direction: column;
    }

  .media-left {
    margin: 0 0 0.5rem;
  }
}
```

图 13-25

mobile()混入来自 Bulma 自身。它使用 initial-variables.sass 中定义的 $mobile 变量断点，因此使用该混入（而不是自己编写媒体查询）可以确保这里编写的响应式代码能与 Bulma 的响应式行为同步。

最后修补桌面屏幕上的导航栏下拉菜单，效果见图 13-26。

```
@include desktop() {
  .navbar-dropdown .navbar-item {
    padding: 0.75rem 1.5rem;

    .icon {
      margin-right: 1em;
    }
  }
}
```

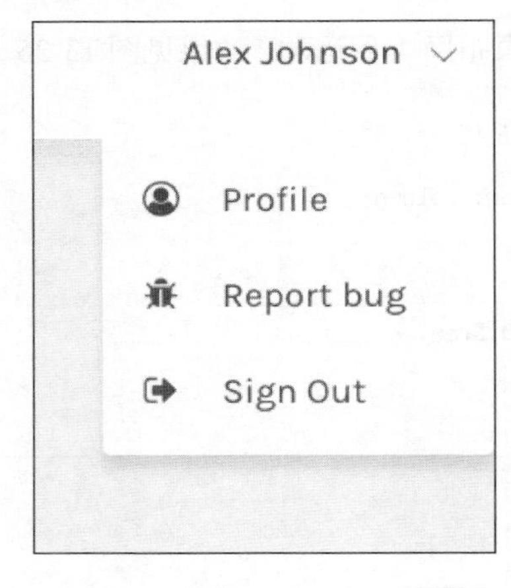

图 13-26

`desktop()`混入也来自 Bulma，它使用`$desktop`变量。

13.11 小结

Bulma 是用 Sass 编写的，易于自定义。通过覆盖一些变量，即可快速地将默认设计转换为自己的品牌设计。

许多开发人员使用 Bulma 框架来实施构建，因为它的默认值合理，确保了界面在视觉上平衡且易于理解。要添加风格，也只需要更新颜色、添加一些字体，并调整间距等。

Bulma 还是模块化的：可以使用相同的设置选择单独导入特定组件（而不需要导入 Bulma 的其余部分）。每个组件都有自己的变量集。要想进一步了解模块化，可查看 Bulma 文档。

访问 Bulma Expo 以获取灵感！

站在巨人的肩上

Standing on the Shoulders of Giants

TURING
图灵教育
站在巨人的肩上
Standing on the Shoulders of Giants